# mindful games

# 이 책에 쏟아진 찬사

"마음챙김이 우리 일상에 미치는 실제적 이익의 범위는 매우 폭넓고 분명하다. 이 멋진 책은 삶을 변화시키는 마음챙김 수련법을 우리의 미래를 짊어진 어린이들의 일상생활에 적용해볼 수 있도록 돕는다."

_ 팀 라이언 (미국 하원의원)

"『마음챙김 놀이』는 놀라운 책이다. 어린이를 위한 재미있고 실제적인 마음챙김 훈련법을 설명할 뿐 아니라 그 놀이들의 밑바탕에 깔린 심리학과 통찰적 지혜에 대해 자세하고 구체적인 설명을 덧붙였다. 이 책은 어린이와 함께 살아가는 모든 사람에게 소중한 자료가 되어줄 것이다. 강력하게 추천한다."

_ 조셉 골드스타인 (『마음챙김: 깨어남에 이르는 실제적 안내서 Mindfulness: A Practical Guide to Awakening』 저자)

"이 책 『마음챙김 놀이』에서 수잔 카이저 그린랜드는 어린이 그룹을 상대로 해볼 수 있는 매우 참여적이고 이해하기 쉬운 여러 가지 활동을 소개하고 있다. 책에서 안내하는 놀이는 모두 독자들의 이해와 공감을 북돋우며 게다가 재미까지 있다! 수잔은 명상과 마음챙김 수련에 대한 본인의 깊은 이해와 아동 발달에 대한 폭넓은 지식과 연구를 바탕으로 책을 썼다. 아이들을 상대로 하는 어른을 위한 책이지만, 모든 독자의 삶을 풍요롭게 만들어줄 책이다."

_ 샤론 샐즈버그 (『자애Lovingkindness』 『참된 행복Real Happiness』 저자)

"수잔 카이저 그린랜드는 누구나 할 수 없는 방식으로 마음챙김의 핵심을 짚어냈다. 풍부한 경험을 쌓은 수련가이자 교사인 그녀의 통찰이 책의 페이지마다 묻어난다. 『마음챙김 놀이』는 의심의 여지없이 모든 부모와 자녀에게 필요한 훌륭한 참고자료가 될 것이다."

_ 앤디 퍼디컴 (헤드스페이스 창립자)

"우리 어른들은 어린이들이 앞으로 살아갈 세상에서 단지 살아남는 것을 넘어 스스로 변화하고 발전하고 적응할 수 있는 인지적, 정서적 기술을 개발시켜야 하는 도덕적 의무가 있다. 수잔 카이저 그린랜드의 최근작 『마음챙김 놀이』는 그녀의 획기적인 전작 『미국 UCLA 명상수업』과 함께 읽으면 좋은 매우 중요한 책이다. 어린이 명상 교육 분야에서 오랜 기간 쌓아온 선구적 작업의 토대 위에 풍부한 지혜와 유용한 도구를 담고 있는 이 책을 적극 추천한다."

_ B. 앨런 월리스 (『주의력 혁명The Attention Revolution』 저자)

"어린이들에게 명상을 가르치는 작업의 선구자인 수잔 카이저 그린랜드가 다시 한 번 해냈다! 『마음챙김 놀이』는 마음챙김을 가르치고 배우는 재미있는 방법일 뿐 아니라 진정으로 지혜로운 방법이기도 하다. 이 책은 부모와 전문가, 아이들을 위한 소중한 참고자료인 만큼 너무 자주 들춰보아 금방 낡을 것이다. 여분으로 한 권 더 구입하길 바란다."

_ 크리스토퍼 윌러드 (심리학박사, 『마음챙김으로 자라기Growing Up Mindful』 저자)

"고대의 명상 원리를 설명하면서 어린이와 가족을 위한 실제적 훈련을 진지하고 재미있게 일상에서 활용할 수 있도록 안내하고 있다. 이 멋진 책은 어린이와 십대들의 뇌와 대인관계를 지원해 그들의 마음을 강화시키는, 과학으로 증명된 강력한 방법을 소개한다. 여러분도 나처럼 이 책에 담긴 통찰력 있는 아이디어와 놀이가 당신 자신의 삶을 고양시키는 것을 보게 될지 모른다. 이 지혜의 말들에 흠뻑 빠져보라. 그리고 그 여정을 즐기라!"

_ 대니얼 J. 시걸 (의학박사, 『마음: 인간됨의 핵심에 다가가는 여정Mind: A Journey to the Heart of Being Human』 저자)

"마음챙김을 아이들의 삶에 알맞게 이용하는 멋지고 재미있고 몰입도 높은 방법!"

_ 대니얼 골먼 (『감성지능EQ Emotional Intelligence』 저자)

"수잔 카이저 그린랜드는 마음챙김 수련을 어린이들의 발달 단계에 맞도록 변용시키는 데 중요한 역할을 해왔다. 『마음챙김 놀이』에서 그녀는 마음챙김 기술을 가르치는 데 있어서 '놀이'와 '창의성'의 측면을 부각시킴으로써 전작의 맥을 일관되게 잇고 있다. 진실로 이 책은 마음챙김을 아이들이 해야 하는 또 하나의 '일'이 아닌 참된 의미의 탐구로 만드는 전향적인 작업이다."

_ 크리스 멕케너 〔'마음챙김학교' 프로그램 기획자(www.mindfulschool.org)〕

"수잔 카이저 그린랜드는 이 놀라운 새 책에서 우리의 최선의 자아는 물론이고, 더 나은 아이를 키우는 완전히 새로운 방식을 소개하고 있다."

_ 수리야 다스 (『내 안의 부처를 깨워라 Awakening the Buddha Within』 저자)

"『마음챙김 놀이』는 마음챙김을 가르치는 제대로 된 방식을 보여준다. 그것은 마음챙김을 '재미있게' 가르치는 것이다. 이 책은 호기심, 탐험, 그리고 마음챙김과 함께할 때 얻는 발견에 관한 것인 동시에, 이 모든 것의 재미에 관한 것이기도 하다!"

_ 수잔 L. 스몰리 (PhD, UCLA 명예교수)

주의·집중·균형을
키워주는
과학적인
통찰 놀이
**60**가지

# 마음챙김 놀이

수잔 카이저 그린랜드
지음
이재석
옮김

불광출판사

일러두기

- 본문에서 아동의 연령대를 저연령, 고연령, 십대로 나누고 있다. '저연령 아동' '고연령 아동'은 각각 young children과 older children의 번역어로, 저연령 아동은 미취학 아동과 초등 저학년 정도의 연령을, 고연령 아동은 초등 고학년 정도의 연령으로 보면 된다.
- 놀이에서 활용되는 그림책 가운데 『오리야? 토끼야?Duck! Rabbit!』(64쪽), 『이건 상자가 아니야Not A Box』(217쪽), 『줌, 그림 속의 그림Zoom』(221쪽)은 한국어판으로 출간되어 있다.

## 차례

## 2부
## 보기 그리고 새롭게 보기 Seeing & Reframing

3부

# 집중하기 Focusing

## 4부
## 돌보기 Caring



## 5부
## 연결하기 Connecting

명상은 언뜻 쉬워 보인다. 방석에 앉아 아무것도 하지 않는 게 뭐가 어려운가? 하지만 내가 명상을 처음 배울 때는 마치 러시아 인형 '마트료시카'를 갖고 노는 듯한 기분이었다. 인형을 열면 속에 같은 모양의 더 작은 인형이 들어 있는 마트료시카는 몇 겹을 벗기고 나서야 가장 작은 인형이 남는다. 내가 명상을 제대로 수행하기까지의 과정도 비슷했다. 명상에 관한 이론을 하나 알고 나면, 알아야 하는 이론이 또 나타났다. 친구와 동료들이 추천해준 명상 책도 명상법과 용어들이 제각각이어서 일관된 이해가 쉽지 않았다. 명상에 관한 개념과 명상법의 가짓수도 끝이 없어 보였다. 나는 포기하지 않았다. 계속 배우고 따라했다. 마침내 명상은 내게 힘든 일이 아니라 휴식이 되는 순간이 찾아왔다. 마트료시카의 가장 작은 인형, 그러니까 더 이상 열지 않아도 되는 인형을 손에 넣게 된 것이다. 이 책을 쓴 목적은 나의 경험을 바탕으로 부모들이 명상에 관한 개념을 쉽게 이해하여 자녀들에게 가르칠 수 있도록 하는 데 있다.

최근 과학과 의학계의 연구를 통해 명상가들은 이미 오래 전부터 알고 있었던 명상의 유효성이 증명되고 있다. 마음챙김과 명상이 부모들과 자녀들의 내면과 외면에서 일어나는 일들을 지혜와 자비로 돌보는 '삶의 기술life skill'을 길러준다는 것이다. 이 책 『마음챙김 놀이Mindful Games』는 이 삶의 기술들 가운데 여섯 가지를 소개한다. **집중하기**Focusing, **고요하게 하기**Quieting, **보기**Seeing, **새롭게 보기**Reframing, **돌보기**Caring, **연결하기**Connecting, 모두 여섯 가지이다. 나는 이것들을 원의 형태로 동그랗게 배치하고 그 가운데 '집중하기'를 놓았다. 안정적이고 유연한 주의 집중이야말로 나머지 다섯 가지 삶의 기술을 지탱하는 중심축이기 때문이다. 그림으로 그려보면 다음과 같다.

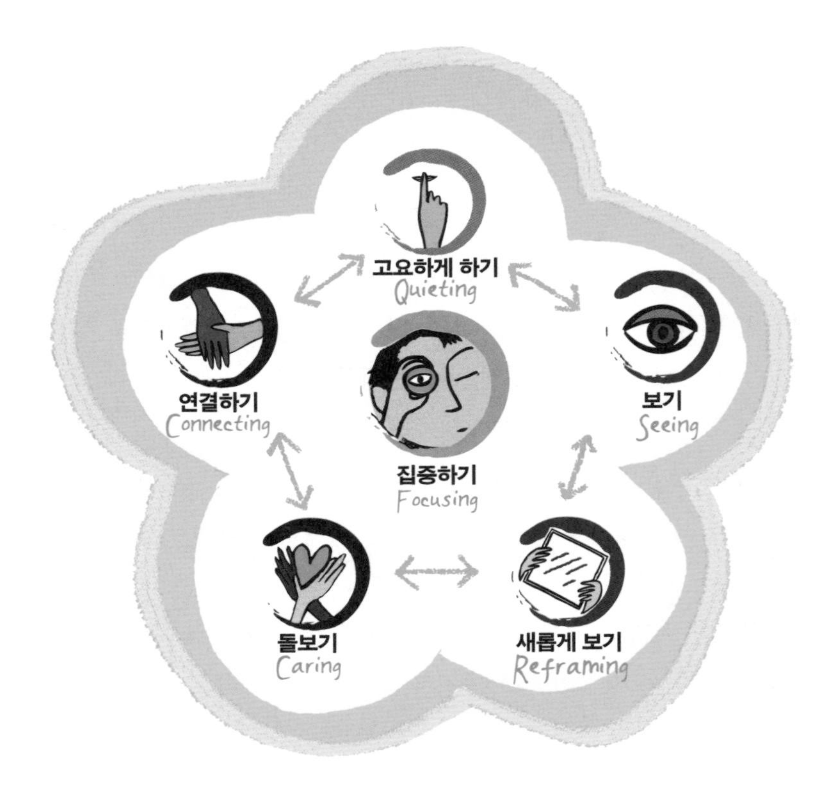

현재 순간의 경험(호흡의 느낌이나 주변의 소리 등)에 **주의를 집중**할 때 마음은 **고요해진다**. 마음이 고요해지면 지금 일어나는 일을 더 명료하게 볼 수 있는 머릿속 공간이 만들어진다. 이렇게 아이들이 자기 몸과 마음에서 일어나는 일을 알아차리게 되면 몸의 감각("나는 지금 안절부절 못하고 있어"라던가 "가슴이 두근거려" 같은)이 일어날 때 곧바로 말과 행동으로 드러내지 않고 멈추어 돌아보는 신호로 삼을 수 있다. 이 과정을 통해 자신의 신체 감각에 말과 행동으로 즉각 반응하는 이른바 '자동 반응성'이 줄어들며, 이로써 자기 안과 밖에서 일어나는 일을 더 또렷하게 의식할 수 있다. 자신이 처한 상황을 지혜와 자비로써 너그럽고 유연하게 대응할 수 있게 되는 것이다. 아이들이 모든 순간은 연결되어 있으며, 그물망처럼 서로 원인이 되고 조건이 되어 일어나는 것임을 알 수 있다면 **돌보기**와 **연결하기**라는 마음의 성질이 자연스럽게 흘러나온다. 그럴 때 그들이 상황을 바라보는 방식에 변화가 일어나고 이로써 돌보기와 연결하기라는 마음의 성질과 조화되는 말과 행동을 할 수 있다.

이 여섯 가지 삶의 기술은 주의에 변화를 주어(**고요하게 하기, 주의 집중하기**) 감정을 변화시키고(**보기, 새롭게 보기**), 이어서 말과 행동, 관계에 변화를 일으키는(**돌보기, 연결하기**) 식으로 서로 연결된다. 이는 고전적인 명상 수행법에서 끌어낸 내면 향상의 과정이다.

수천 년에 걸쳐 명상 수행가들은 인간 내면과 외면 세계의 지도를 그려 긴 목록으로 정리해왔다. 나는 그 목록을 두 종류로 좁혀 놀이와 이야기, 시각화, 시연을 통해 아이들과 부모들에게 소개하려고 한다. 첫 번째 목록은 앞에서 소개한 여섯 가지 삶의 기술이다. 다음 소개하는 두 번째 목록은 지혜롭고 자비로운 세계관의 특징인 보편적 주제들로 구성된다.

| | |
|---|---|
| 받아들임 | 주의(한 곳에 모으는 주의, 고르게 확산하는 주의) |
| 열린 마음 | |
| 감사 | 조율 |
| 자제(행동상 자제) | 상호 의존성 |
| 원인과 결과 | 기쁨 |
| 명료성 | 친절 |
| 자비 | 동기 |
| 명상적 자제 | 인내 |
| 분별력 | 지금 이 순간 |
| 공감 | 자기 자비 |
| 모든 것은 변화한다 | 지혜로운 확신 |

마음챙김과 명상은 신비로운 성질을 지녔다. 이 성질을 몇 개의 목록으로 분석해 신비를 벗기려는 시도는 자칫 핵심을 놓치는 것인지 모른다. 예컨대 나는 재즈 음악 같은 창조적 활동에서 힌트를 얻는다. 재즈 음악가는 5도권(음악에서 어떤 음을 출발점으로 하여 5도씩 차례로 음을 취해가는 과정을 원그림으로 나타낸 것)을 공부하고 음계를 연습함으로써, 말로 설명하기 힘든 즉흥곡의 예술적 성질에 불을 지핀다. 재즈 뮤지션처럼 명상가도 일련의 주제를 공부하고, 일련의 삶의 기술들을 수련함으로써 말로 꼬집어 설명하기 어려운, 마음챙김과 명상

에 담긴 성질들을 키워갈 수 있다. 음악과 명상이라는 두 가지 창조적 훈련 모두에서, 수련자는 그 신비로운 성질들을 말로 설명할 때가 아니라 직접적으로 느낄 때 그것을 알아볼 수 있다. 지혜와 자비는 새의 양 날개와 같다는 오래된 격언이 있다. 우리가 하늘을 날기 위해서는 지혜와 자비라는 양 날개가 함께 필요하듯이, 마음챙김과 명상을 통해 습득하는 '개념적' 주제와 '실제적' 삶의 기술들은 지혜와 자비의 마음을 키워준다. 지혜와 자비가 함께할 때 마치 새가 구름을 뚫고 하늘 높이 날아가듯, 아이들과 그들의 가족은 심리적 자유를 얻어 삶의 어려움을 헤치고 날아오를 수 있다.

마음챙김 놀이에서 내가 가장 좋아하는 부분은, 마음챙김 놀이가 부모와 자녀가 서로를 가르치고 서로에게 배우는 특별한 기회가 된다는 점이다. 원래 아이들을 위해 만든 명상 활동이지만, 지금껏 해보지 못한 경험을 명상을 통해 하게 되었다고 말하는 부모들도 많다. 이는 놀라운 일이 아니다. 여기에서 나는 매우 중요한 핵심 한 가지를 깨달았다. 부모 스스로 마음챙김을 실천하면 주위의 모든 사람들, 특히 자녀들에게 큰 영향을 미친다는 점이다. 부모의 마음이 고요하고 평온하며 기쁨을 느낄 때 아이들은 고스란히 그 느낌을 전달받고 따라 배운다. 부모가 세상을 살아가는 방식은 아이들의 정서적 안정과 삶의 태도에 직접적인 영향을 미친다. 이 때문에 나는 부모들에게 자녀들과 마음챙김 놀이를 하기 전에, 부모 먼저 이 책에 수록된 주제에 대해 성찰하고 마음챙김 놀이를 해보면서 스스로 마음챙김을 닦으라고 권한다.

마음챙김 놀이는 원래 아이들을 위해 만들었지만 부모는 물론 아이들, 청소년과 관계를 맺는 이라면 누구라도 재미있게 해보면서 그들 자신의 삶을 변화시킬 수 있다. 교사, 심리치료사, 조부모, 삼촌, 의사, 캠프 지도자, 아동 상담사 등 모두를 위한 놀이이다. 자, 한 번 시도해볼 준비가 되었는가? 먼저 몸과 마음에 힘을 빼고 천천히 자신의 발부터 느껴보자. 자각은 마음챙김 명상의 기본이다.

놀이 01

## 발 느껴보기

**이완과 집중, 그리고 이 순간 일어나는 현상을 알아차리기 위해 바닥에 닿아 있는 자신의 발의 감각에 주의를 기울인다.**

**삶의 기술** : 집중하기, 돌보기 **대상 연령** : 모든 연령

### 놀이 진행 순서

1. 등은 곧게 펴고 몸은 편안히 이완한 채로 자리에 앉거나 두 발로 섭니다. 호흡은 자연스럽게 하면서 지금 현재 자신의 몸과 마음에서 어떤 일이 일어나고 있는지 관찰합니다.

2. 몸에 힘을 빼고 편안하게 있어보세요. 서 있는 자세라면 무릎에 힘을 빼고 부드럽게 서세요.
3. 이제 발바닥으로 주의를 이동시켜 지금 발바닥이 바닥에 닿는 느낌을 관찰합니다. 이때 마음에서 생각과 감정들이 거품처럼 일어난다면 그냥 일어났다 사라지도록 내버려두세요.
4. 지금 자신의 발을 느끼고 있나요? 느껴지지 않아도 걱정할 필요는 없어요. 마음이 딴생각으로 달아나는 것은 자연스러운 일이에요. 딴생각이 들어도 발바닥의 감각으로 주의를 돌려 다시 시작하면 돼요.

### 지도 방법

1. '발 느껴보기'에서처럼 신체 감각에 집중하는 것은 아이들이 지나치게 흥분하거나 화가 났을 때 스스로를 진정시키는 데 도움을 준다.
2. 아이들에게 단지 발의 감각뿐 아니라 그 밖의 다른 신체 감각에도 주의를 기울이게 한다. 예컨대 문을 열 때 손바닥에서 느껴지는 손잡이의 시원한 감촉이나 손을 씻을 때 느껴지는 물과 비누거품의 따뜻함을 느껴보게 하라. 아니면 양말을 신을 때 발과 발목에서 느껴지는 부드러운 울의 느낌을 느껴봐도 좋다.
3. 아이들이 마음챙김 놀이를 할 때(특히 처음에) 중요한 것은 얼마나 오래 하는가보다 꾸준히 지속하는 일관성이다.

# 1부
# 고요하게 하기

마음챙김에 기초한 '고요하게 하기' 도구들은, 아이들이 참기 어려운 스트레스와 강렬한 감정(화, 놀람, 당황, 두려움, 짜증)에 놀라울 만큼 즉각적인 마음의 위안을 제공한다. 감정에 압도당하지 않을 수 있다는 자신감이 생기면 아이들은 어떤 스트레스에도 위축되지 않는다. 1부에서 소개하는 놀이는 현재 순간의 경험(호흡의 느낌이나 주변의 소리 등)에 주의를 집중하여 마음을 고요하게 함으로써, 자신의 현재 상태(생각, 느낌, 감정)를 인식할 수 있도록 한다.

**1장 의도적으로 호흡하기 :**
내쉬는 날숨에 집중하여 몸과 마음을 편안하게 이완시킨다.
호흡하는 방식에 따라 아이들이 몸과 마음에서 느끼는 느낌이 다름을 알게 한다.

**2장 주의를 정박시키는 닻 만들기 :**
마음에서 일어나는 일과 몸에서 일어나는 일이 서로 연결되어 있음을 안다.
흥분과 안정의 균형을 스스로 맞출 줄 안다.

〈골디락스와 곰 세 마리〉는 어린 시절의 아련한 추억을 떠올리게 하는 이야기다. 그런데 나는 이 이야기가 우리의 신경계와 관련해서도 특별한 시사점을 준다는 사실을 최근에 깨달았다. 골디락스라는 금발의 소녀가 숲속을 걷다 오두막을 발견한다. 그녀는 아무도 없는 오두막 안으로 들어간다. 골디락스는 그곳을 둘러보고는 곰 세 마리가 사는 집이라는 걸 알게 된다. 엄마 곰, 아빠 곰, 아기 곰이다. 부엌 식탁에 죽 세 그릇이 놓여 있는 게 눈에 들어온다. 배가 고팠던 골디락스는 엄마 곰의 죽 그릇에서 죽을 한 입 떠먹는다. "앗, 뜨거워!" 이번에는 아빠 곰의 죽을 맛본다. "너무 차가워!" 이번에는 아기 곰의 죽을 먹어본다. "딱 맞아!" 죽을 다 먹어치운 골디락스는 거실로 간다. 그곳에는 의자가 세 개 놓여 있다. 엄마 곰, 아빠 곰의 의자는 골디락스에게 너무 크다. 죽과 마찬가지로, 이번에도 아기 곰의 의자가 딱 맞다. 나머지 이야기는 여러분도 아는 내용이다. 곰 세 마리가 집에 돌아와 누군가가 자신들의 죽을 먹어치웠고 의자를 망가뜨렸다는 걸 알게 된다. 게다가 위층에 있는 아기 곰의 침대에서 자고 있는 골디락스를 발견한다.

〈골디락스와 곰 세 마리〉 이야기가 주는 교훈은, 골디락스가 자신의 '수용 영역'과 접촉을 잘 유지하고 있다는 점이다. 수용 영역(window of tolerance, 어떤 상황이 일어났을 때 가장 효과적으로 대처할 수 있는 각성 구역으로, 이 구역에 있을 때 쉽게 정보를 받아 처리하고 통합할 수 있다)은 대니얼 J. 시걸이 『발달하는 마음The Developing Mind』에서 처음 사용한 용어이다. 즉, 아이가 편안함을 느끼고 자신의 행동에 몰입하며 새로운 생각과 상황에 유연하게 대응하는, 최적의 각성 영역을 가리킨다. 너무 뜨겁지도, 너무 차갑지도 않고 딱 적당한 각성 영역 말이다. 골디락스와 그녀의 신경계, 그녀의 수용 영역은 부모들에게 가족생활과 가족 구성원들 사이의 움직임에 대해 들여다보는 기회를 준다.

물론 아이들과 가족의 일상생활은 명상가들의 생활과 전혀 다르다. 하지만 다양한 스트레스와 참기 어려운 복잡한 감정에 대처하는 데 어려움을 겪고 있는 아이들과 그 가족에게는 명상이 점점 더 필요해지고 있다. 오늘날 일상생활의 요구는 모든 사람의 신경계를 지속적으로 은근히 각성된 상태로 만든다. 『붓다 브레인Buddha's Brain』이라는 책에서 심리학자 릭 핸슨 박사는 이런 상황을 '부글부글 끓고 있는 삶life on simmer'으로 표현한다. 대부분의 사람에게, 약간의 스트레스는 더 효과적으로 생각하고 행동하는 자극이 될 수 있다. 골디락스에게 아기 곰의 죽과 의자가 딱 맞았던 것처럼, 신경계의 적당한 각성이 현대인에게 '딱 맞을' 수 있다.

그런데 미미한 수준의 각성이라도 자신의 수용 영역을 벗어나면 아이들은 약한 강도의 감정에도 정상적인 기능을 발휘하지 못하고 '괜찮지 않은' 상태가 될 수 있다. 이것은 개인적 선호의 문제가 아니라 아이들의 신경계가 작동하는 방식을 있는 그대로 보이는 것이다. 부글부글 끓고 있는 상태에서 별 문제없이 살아가는 아이라 해도, 감정의 방아쇠가 당겨지면 경직되고 자동반사적인 '싸움-도망' 모드에 빠질 수 있다. 그리고 다른 모든 사람처럼, 지치고 배고프고 아프고 스트레스를 받고 두렵고 화가 나면 아이들의 수용 영역도 좁아진다.

부모가 아이의 신경계를 늘 살피지 않으면, 어린이를 상대로 하는 마음챙김과 명상은 힘든 작업이 될 수 있다. 아이들이 자신의 수용 영역을 벗어나면 경직되고 자동반사적인 반응을 보이게 된다. 이렇게 되면 새로운 생각에 마음을 열기가 매우 어려워진다. 아이의 세계관을 구성하는 넓은 관점의 주제들에 대해 – 그 대안은 말할 것도 없고 – 성찰할 수 있는 기회나 영향력이 매우 작아지기도 한다.

아이들은 자신이 참기 어려운 수준의 스트레스와 강렬한 감정을 견뎌내는 데 절실히 도움을 필요로 하고 있다. 마음챙김에 기초한 **고요하게 하기** 도구들은, 아이들을 압도하는 강렬한 감정(화, 놀람, 당황, 두려움, 짜증)으로부터 놀라울만큼 즉각적으로 마음의 위안을 제공한다. 강렬한 감정에 압도당하지 않을 수 있다는 자신감을 키우면 아이들은 무서운 감정이 일어나더라도 위축되지 않고, 마음챙김과 명상에 대한 탐구를 지속할 수 있다.

# 1장
## 의도적으로 호흡하기

아이들은 종종 스트레스와 격렬한 감정을 어떻게 해야 좋을지 모르겠다고 나에게 말한다. 이럴 때면 크리스토퍼 로빈이 친구인 곰돌이 푸에게 한 말이 생각난다. "너는 네가 생각하는 것보다 용감하고 강하고 지혜로워." 그런데 명상용 방석에 앉고 나서도 강한 감정에 압도당하기도 한다. 흔한 일이다. 만약 이때 어린이와 십대 청소년들이 자신을 괴롭히는 것들에서 주의를 거두어, 그 순간 자신이 느끼는 것으로 주의를 전환시킨다면 상황을 변화시킬 수 있다. 이렇게 하면 아이들의 신경계가 진정되면서 머릿속에 약간의 공간이 생긴다. 공간이 생기면 아이들은 애당초 어째서 지금과 같은 불편한 느낌이 생기게 되었는지를 보고 이해할 수 있다.

과학자들은 뇌가 어떻게 어린이와 십대의 감정 조절을 돕는지 밝혀내기 시작했다. 뇌의 어느 부위는 두려움과 불안 그리고 그 밖의 힘겨운 감정과 연결되어 있다. 그러나 뇌의 또 다른 부위는 아이들이 이런 부정적 감정에 자동으로 반응하는 자신을 관찰하게 한다. 그리고 어떤 경우에는 자신의 감정 반응의 과정을 변화시킬 수도 있다. 아이들이 보이는 자동반사적 반응은 때로 자연스럽고 지극히 적절한 반응이다. 예컨대 버스가 오는 걸 보지 못한 채 인도에서 차도로 내려섰다면 두려움이라는 감정이 아이의 스트레스 반응을 작동시켜 신속히 위험에서 벗어나게 한다.

아이들의 스트레스 반응이 적절하지 않고 도움이 되지 않는 경우도 많다. 예를 들어 아이가 학교 공부를 따라가지 못할 때 내면에서 걱정과 두려움이 일어나 분발하도록 동기를 부여할 수 있다. 그러나 만약 과제를 제때 마치지 못했을 때 벌어지는 일에 대해 계속해서 생각만 하고 있다면, 두려움과 걱정으로 더 많은 생각이 일어나게 되고, 이것은 다시 더 격렬한 감정을 불러일으킬 수 있다. 이렇게 되면 아이의 생각과 느낌이 주도권을 쥐게 된다. 아이는 자신의 머릿속에서 일어나고 있는 끝없는 생각의 연쇄 고리가 도움이 되지 않는다는 사실을 안다. 그러면서도 이 상황을 어떻게 바꾸어야 할지 모른다고 느낀다. 『감성지능 EQ』라는 책에서 심리학자 대니얼 골먼은 이것을 '감정적 납치emotional hijack'라고 표현한다. 감정적 납치는 아이들이 지나치게 흥분하거나 화가 났을 때 명료하게 사고하기가 힘든 이유를 설명한다. 안정적이고 유연한 주의력은 어린이와 십대들이 자신의 생각과 감정이 주도권을 쥔 때를 알아차리게 함으로써 감정적 납치를 피하게 해준다. 그런데 아직 인지 조절력이 완전히 발달하지 않은 어린이와 십대들은 일반적으로 부모보다 '감정적 납치'를 당할 가능성이 더 크다.

아이들의 신체는 스트레스 호르몬을 차단하는 화학적 회로 차

단기에서부터, 신경계라는 복잡하고 상호 연결된 신경망에 이르기까지 여러 가지 타고난 메커니즘으로 스트레스를 관리한다. 이 메커니즘 가운데 하나가 작동하면 다른 메커니즘도 거기에 영향을 받는다. 스트레스 관리, 통증 관리, **고요하게 하기**를 목표로 하는 마음챙김 놀이는 날숨(내쉬는 숨)에 가볍게 집중하도록 한다. 왜냐하면 주의를 간단히 전환하는 것만으로 신체적, 정신적 불편감을 덜 수 있기 때문이다.

신경계(뇌와 척수, 그리고 신체 모든 부분 사이에 메시지를 전달하는 수십억 개의 연결망을 가진 복잡한 세포 네트워크)는 체성신경계와 자율신경계라는 상호 연관된 두 개의 부분으로 구성된다. 체성신경계는 의지적 동작(점프, 걷기, 말하기 등), 반사적 움직임, 통증과 빛처럼 아이들이 인식하는 신체 감각에 관여하는 신경계다. 반면, 자율신경계는 대개 의식하지 못하는 신체적 기능, 예컨대 심장박동, 혈압, 소화 등에 관여하는 신경계다. 감정적 납치와 **고요하게 하기**가 작동하는 방식을 더 잘 이해하기 위해, 아이의 신경계가 위기 상황일 때와 평온할 때 각각 어떤 방식으로 작동하는지 알아보자.

위기 상황에서는 자율신경계의 하나인 교감신경계가 아이들의 신체가 싸우거나 도망가거나 얼어붙도록 대비시킨다. 반면, 위기 상황이 아닐 때는 자율신경계의 또 다른 하나인 부교감신경계가 아이들의 신체가 휴식을 취하고 음식물을 소화하도록 해준다. 교감신경계와 부교감신경계라는 두 가지 신경계가 함께 작동하면서 아이들은 균형 잡힌 상태에 있게 된다. 감정적 납치라는 위기 상황이 발생하면 자율신경계의 교감신경이 작동을 시작한다. 마음챙김에 기초

한 **고요하게 하기** 도구들도 자율신경계에 영향을 미치지만, 이번에는 싸움-도망 반응을 격화시키는 방식이 아니라 차분하게 만드는 방식으로 영향을 준다.

스트레스에 대한 신체 반응은 매우 복잡하지만, 기본적으로 자율신경계의 균형적 상태는 각성과 활력에 필요한 싸움-도망 반응을 조금만 활성화시키는, 편안하고 수용적인 상태에 있다. 그런데 이 점은 스트레스로 가득 찬 삶을 살며 잦은 싸움-도망 반응으로 급격한 아드레날린 분비가 일상이 되어버린 많은 부모가 보기에 다소 뜻밖의 사실이다. 자율신경계는 대개 의식적인 마음과는 완전히 별개로 기능을 한다. 그런데 아이들과 십대들이 어느 정도 통제할 수 있는 부분이 있는데, 그것이 바로 호흡이다. 숨을 내쉴 때 아이들의 뇌는 심장박동을 늦추라는 신호를 미주신경을 따라 밑으로 내려 보낸다. 미주 신경은 뇌에서 시작해 가슴부위를 거쳐 복부에 이르는 길고 복잡한 뇌신경이다. 그러다가 숨을 들이쉬면 심장박동을 늦추라는 신호가 약해지면서 심장박동이 다시 빨라진다. 과학자들은 미주신경이 신체에서 가장 중요한 신경이라고 본다. 감정 조절과 자기 진정, 그리고 사회적 관계를 돕는 역할을 하기 때문이다.

과학자들이 미주신경의 이런 연관성을 이해하기 훨씬 전에, 명상가와 요기yogi들은 호흡을 통해 자율신경계를 활용하는 법을 이미 알고 있었다. 즉, 명상가와 요기들은 활력과 각성을 위해서는(즉, 싸움-도망 반응을 일으키기 위해서는) 들이쉬는 들숨에 가볍게 주의를 **집중하는** 한편, 이완과 평정을 위해서는(즉, 휴식과 소화를 위해서는) 내쉬는 날숨에 주의를 **집중했다**. 마음챙김 명상 수업에 참가한 어린이들 역시 이런 연관성을 관찰했다. 학교에서 마음챙김과 명상을 최초로 가르친 사람 중 한 명인 애너카 해리스는 간단한 마음챙김 호흡 놀이를 하고 난 뒤, 캘리포니아 톨루카 레이크 초등학교의 여덟 살 아이가 이렇게 말하는 걸 들었다. "숨을 들이쉴 때는 심장박동이 빨라지고 숨을 내쉴 때는 박동이 느려지는 걸 느껴요."

다음 소개하는 것은 날숨을 강조하는 놀이로, 많은 아이들이 마음의 안정을 얻는다고 말한다.

놀이 02

## 날숨에 집중하기 : 마음을 진정시키는 날숨

**길게 내쉬는 날숨에 집중하면 편안하게 이완되면서 마음의 안정을 찾는 데 도움이 된다는 것을 알 수 있다.**

**삶의 기술** : 집중하기, 고요하게 하기 **대상 연령** : 모든 연령

### 놀이 진행 순서

1. 양손은 무릎 위에, 등은 곧게 펴고 몸은 편안하고 부드럽게 한 채로 자리에 앉으세요. 선생님이 ○○(이)의 들숨과 날숨의 수를 셀 거예요. ○○(이)는 그냥 자연스럽게 숨을 쉬면 됩니다. (아이의 자연스런 호흡 리듬에 맞춰, 소리 내어 수를 센다.)
2. 자 이제, 선생님이 둘을 셀 때까지 숨을 들이마셔 보세요. 그리고 넷을 셀 때까지 숨을 내쉬어 보세요.〔선생님이 넷을 셀 때까지 아이가 날숨의 길이를 늘이면, 아이가 호흡하는 페이스에 맞춰 선생님이 수를 세는 페이스를 조절한다. (들숨과 날숨 사이에는 자연스런 멈춤이 존재한다.) 아이가 몇 차례 호흡하는 동안 수를 센다.〕
3. 다시 자연스럽게 호흡하세요.

### 지도 방법

1. 놀이를 조금 변형시켜, 이번에는 길게 들이쉬는 숨에 주의를 집중하게 한다. 이로써 아이가 더 깨어 있는 각성 상태가 되도록 한다. '마음을 가라앉히는 날숨'과 똑같은 방식으로 지도하되, 이번에는 날숨이 아니라 들숨을 더 길게 쉬도록 해본다.(즉, 넷을 셀 때까지 숨을 들이쉬고, 둘을 셀 때까지 숨을 내쉬게 한다.)
2. 특별히 하는 일이 없을 때, 예컨대 식사를 기다리는 테이블에서, 또는 버스를 기다리며 줄을 서 있는 동안 아이가 '의도적으로 호흡하기' 방법을 해보도록 안내한다. 날숨을 길게 하면 마음이 차분해진다는 걸 이해하면 아이는 날숨을 이용해 자신의 마음과 몸을 **고요하게 할** 수 있다. 마찬가지로, 들숨을 길게 하면 더 각성된 느낌을 가질 수 있다.
3. '의도적으로 호흡하기' 수련은 그룹으로 하기보다 한 명의 아이를 대상으로 하는 것이 좋다.

아이들과 십대들이 불안해하거나 흥분된 상태에 있으면 '들숨은 약간, 날숨은 많이' 쉬도록 해주라. 아이들이 숨을 내쉴 때 안내자가 '후~' 하고 부드럽게 소리를 내도 좋다. 만약 아이가 숨이 차서 길게 숨을 내쉬는 걸 힘들어하면 아이가 집게손가락을 들어 양초라고 생각하게 한다. 그러고는 숨을 들이쉴 때는 '꽃의 향기를 맡는다' 생각하며 코로 숨을 들이쉬고, 내쉴 때는 '양초의 불을 끈다'고 상상하면서 입술을 오므려 숨을 내쉬게 한다. 숨을 내쉴 때는 머릿속 양초의 불꽃이 완전히 꺼지지 않고 살짝 흔들릴 정도로 아주 천천히 그리고 부드럽게 내쉬게 한다. 그런 다음 몇 분에 걸쳐 수차례 호흡을 하면서 아이의 호흡이 평소 호흡으로 돌아오게 한다.

마음챙김과 명상을 수련할 때의 자세는 자리에 앉거나 서거나 또는 누워도 상관이 없다. 중요한 것은 아이가 어떤 자세를 취하든 척추가 펴지고 근육이 이완되도록 하는 것이다. 다음 놀이는 아이들이 일련의 동작을 통해 곧게 앉고 서는 자세를 취하게 하는 놀이이다. '지퍼 올리기'라는 이 놀이는, 이 책에 수록된 몇몇 움직임 활동과 함께, 나의 친구이자 조력자, 그리고 『춤추는 대화The Dancing Dialogue』의 저자인 춤 동작 치료사 수지 토토라 박사가 고안한 것이다. 그런데 나는 아이들과 십대들에게 실제로 웃옷의 지퍼를 올리라고 하는 대신, 등을 곧게 펴고 근육을 이완시킨 채로 앉거나 서라고 요청한다.

놀이 03

### 지퍼 올리기

**우리 몸에 지퍼가 하나 달렸다고 생각한다. 지퍼를 위로 죽 올리면서 등을 곧게 펴고 근육을 이완시킨다고 상상한다.**

**삶의 기술** : 집중하기 **대상 연령** : 저연령 아동

### 놀이 진행 순서

1. 우리 몸의 배에서 턱까지 지퍼가 달려서 위아래로 올리고 내릴 수 있다고 상상해봅니다. 이 놀이는 우리가 앉고 설 때 몸을 곧게 죽 편 자세를 취하는 데 도움이 됩니다.
2. 몸에 직접 닿지는 않게 한 손은 배꼽 앞에, 다른 한 손은 허리 뒤에 둡니다. (선생님이 한 손은 배꼽 앞에, 다른 손은 허리에 두는 동작을 보인다.)
3. 좋습니다. 이제, 지퍼를 위로 올려봅니다. "지~익" (허리와 가슴 앞에 둔 손이 위로 움직여 턱과 머리를 지나 위로 올라가는 모습을 보여준다.)
4. 이제 지퍼를 다 잠갔으면 몸을 곧게 세우고 죽 뻗은 채로 몇 차례 호흡을 해봅니다.

### 지도 방법

1. 놀이 마지막에 잠시 시간을 두고 아이들이 손을 공중에 들고 있는 동안 말없이 격려해준다.
2. 또 "머리, 어깨, 무릎, 발, 무릎, 발" 노래와 유사한 몸짓을 아이들이 말없이 따라하게 한다. 아이들이 선생님에게 시선을 고정한 채 선생님의 몸동작을 그대로 따라 하도록 한다. 말은 하지 않고 오직 눈으로 보고 귀로 들으면서 선생님을 따라 하도록 한다. 자리에 앉거나 똑바로 서서 말은 한마디도 하지 않는 채로, 아이들이 선생님의 동작을 따라 하도록 시킨다.
   선생님은 양손으로 머리와 코, 어깨, 배를 터치하고, 원한다면 무릎과 발가락을 터치한다. 터치하는 순서를 바꾸거나 속도를 높여 놀이를 더 흥미진진하게 만들어도 좋다. 크고 작은 동작, 빠르고 느린 동작을 번갈아 하면 아이들에게 집중력과 자기 통제력을 연습하는 좋은 기회가 된다.

일단 아이들이 등을 곧게 펴고 근육을 이완한 상태로 자리에 앉거나 섰다면, 이제 마음챙김 놀이를 할 준비가 되었다. 이제 호흡하는 방식에 따라 아이들이 몸과 마음에서 느끼는 느낌이 달라질 수 있다는 것을 알게 하는 놀이를 소개한다. 놀이를 위해 아이들 한 사람에게 바람개비 한 개씩을 나눠준다. 선생님도 바람개비 한 개를 준비한다.

놀이 04

## 바람개비를 이용하여 숨쉬기

바람개비를 불어봄으로써 우리가 호흡하는 방식(빠르고 느린 호흡, 깊고 얕은 호흡 등)에 따라 몸과 마음에서 느껴지는 느낌도 달라진다는 사실을 관찰해본다.

**삶의 기술** : 집중하기, 보기 **대상 연령** : 저연령 아동

### 놀이 진행 순서

1. 등을 곧게 펴고 몸은 편안하게 힘을 뺀 채로 자리에 앉습니다. 이제 각자에게 주어진 바람개비를 손에 들어봅니다.
2. 이제 함께 바람개비를 불어볼 거예요. 길게 그리고 깊이 숨을 내쉬면서 바람개비를 불어보세요. 이때 어떤 느낌이 드는지 관찰해보세요.
   **지도 포인트** : 몸이 고요하고 편안하게 느껴지는가? 깊이 숨을 내쉰 뒤 가만히 앉아 있기가 수월한가? 아니면 어려운가?
3. 이제 짧고 빠르게 숨을 내쉬면서 바람개비를 불어봅니다.
   **지도 포인트** : 이번에는 몸이 어떻게 느껴지는가? 앞에서 천천히 숨을 내쉬었을 때와 빠르게 숨을 내쉬었을 때의 몸의 느낌이 같은가? 다른가?
4. 이제 평소 호흡대로 숨을 쉬면서 바람개비를 불어봅니다.
   **지도 포인트** : 호흡에 마음을 집중하는 것이 수월한가? 아니면 마음이 자꾸 딴 데로 달아나는가?

**지도 방법**

1. 숨을 쉬는 여러 유형에 대해 더 이야기해본다.
   예컨대, '일상생활에서 깊이 숨을 쉬면 도움이 되는 상황에 어떤 것이 있을까? (아마도 흥분해서 마음을 진정시켜야 할 때, 혹은 집중을 해야 할 때일 것이다.)
   또 빠르게 숨을 쉬는 것이 도움이 되는 상황은?
   (아마 지쳐 있어 좀 더 활기를 느끼고 싶을 때일 것이다.)
2. 두 명 이상의 아이들과 놀이를 한다면, 아이들이 바람개비를 내려놓은 다음에 지도 포인트에 대해 이야기한다.

다음 놀이에서 아이들은 지금 자신을 불편하게 만드는 일로부터 현재 순간으로 주의를 전환하는 **고요하게 하기**의 전략에 대해 배울 것이다. 여기서 현재 순간으로 주의를 돌린다는 것은, 몸의 감각(눈에 보이는 모습, 귀에 들리는 소리, 혀에 느끼는 맛, 신체의 촉각, 그리고 코에 느끼는 냄새 등)이나 단어(호흡의 수를 세는 단어), 또는 지금 하고 있는 과제로 주의를 이동시키는 것을 말한다. 만약 스트레스 공(물렁물렁한 감촉에 움켜쥔 다음, 계속 늘리고 주물러서 스트레스를 푸는 용도로 만든 공)을 쥐어보았거나 걱정 돌멩이(걱정 있을 때 만지면 마음이 편해진다)를 쓰다듬어 보았다면, 당신은 생각이 아닌 감각에 **집중하는** 전략에 대해 이미 알고 있을 것이다. 많은 아이들이 **고요하게 하기** 도구가 마음을 진정시켜준다고 말한다. 이 도구들은 확실히 신경계의 싸움-도망 반응을 줄이는 한편, 휴식-소화 반응을 촉진한다.

# 2장
## 주의를 정박시키는 닻 만들기

아이들은 종종 문제를 해결하려면 그 문제에 대해 깊이 생각하라는 가르침을 받는다. 그러나 스트레스를 받거나 불안한 상태일 때, 현재 일어나고 있는 일에 대해 걱정하며 끊임없이 궁리하는 것은 오히려 신체의 스트레스 반응을 격화시킬 수 있다. 지나치게 예민해진 스트레스 반응에 브레이크를 거는 비결이 있다. 불안한 생각과 느낌이 드는 순간, 즉 부정적인 감정이 주도권을 쥐기 시작한다는 신호를 아이의 몸이 보내는 순간을 알아차리는 것이다. 아. 지금 내가 기분이 나쁘구나, 화가 나는구나, 등의 순간을 알아차리면, 몸을 편안하게 이완시키고 간단한 중립적(좋음, 나쁨 등 어떤 감정이나 생각을 일으키지 않는 것) 대상에 마치 닻을 내리듯 주의를 정박시켜 가볍게 **집중할** 수 있다.

이때 가장 흔히 사용되는 닻은 우리가 언제나 몸에 지니고 다니는 호흡의 감각이다. 숨을 쉬면서 가슴에 손을 얹어 가슴이 오르락내리락 하는 것을 느껴보면 마음을 가라앉히는 자기 진정 효과가 있다.

이 방법은 심리학자이자 연구자인 크리스토퍼 K. 거머 박사와 크리스틴 네프 박사가 개발한 마음챙김 자기 자비 프로그램에서 나왔다. 거머는 『셀프 컴패션: 나를 위한 기도The Mindful Path to Self-Compassion』라는 책에서 주의를 한곳에 정박시키는 닻이, 강렬한 감정을 처리하는 데 특히 중요한 이유를 설명한다. "우리가 느끼는 정신적 고통의 대부분은, 마음이 한 대상에서 다른 대상으로 널뛰듯 돌아다녀 완전히 진이 빠졌을 때, 또는 불쾌한 생각과 느낌에 완전히 빠져 있을 때 생긴다. 마음이 이런 방식으로 움직이는 것을 관찰했다면 마음이 한곳에 정박하도록 닻을 내릴 필요가 있다. 즉, 마음이 방황하지 않게 해주는 중립적이고 흔들리지 않는 안식처를 갖는 것이다."

보통 '명상' 하면 몸을 움직이지 않고 가만히 자리에 앉아 있는 것을 떠올린다. 하지만 미동도 하지 않고 가만히 앉아 있는 것은 아이들과 십대들에게 어려운 일이다. 아이들이 스트레스를 받거나 불안하거나 마음이 이곳저곳 방황하고 있을 때는 더욱 그렇다. 이것이 바로 걷고 스트레칭하고 몸을 흔드는 마음챙김 놀이가 아이들에게 매우 유용한 이유이다. 마음챙김 놀이는 재미가 있을 뿐 아니라, 몸을 움직이기 전과 후에 마음과 몸에서 느껴지는 느낌이 어떻게 다른지 관찰하는 기회가 되기도 한다.

『당신의 자녀를 위한 트라우마 예방법Trauma-Proofing Your Kids』이라는 책에서 피터 레빈 박사는 구조화된 신체 활동은 여분의 에너지를 방출하는 효과적인 방법이라고 말한다. 특히 "활기가 넘치는 '흥분 시간'과, 충분히 마음을 가라앉히는 '휴식 시간'의 균형을 맞추는 식으로 아이의 신체 활동을 설계하면 더욱 효과적이다. 흥분과 휴식의 두 단계 모두에서 여분의 에너지는 자동으로 방출된다."

다음에 소개하는 '몸 흔들기' 놀이로 아이들은 흥분과 안정의 균형을 맞출 수 있다. 지나치게 흥분하거나 화가 났을 때 아이들은 '몸 흔들기' 놀이를 통해 마음이 진정된다고 말한다.

우리 몸의 감각은 일정한 스펙트럼으로 존재한다. 스펙트럼의 한쪽 끝에 가장 강한 감각이 있다면, 다른 쪽 끝에는 가장 약한 감각이 자리 잡고 있다. 가장 강한 신체 감각은 '거칠다'고 표현하며, 가장 약한 감각은 '미세하다'고 표현할 수 있다. 거친 감각은 미세한 감각보다 집중하기가 더 쉽다. '몸 흔들기' 놀이에서 하는 빠른 신체 움직임은 거친 감각 닻의 하나다. 거친 감각에 집중하는 것은 **고요하게 하기** 전략으로 매우 효과적인데, 왜냐하면 거친 감각은 미세한 감각보다, 과도하게 활기찬 생각과 느낌으로부터 아이들의 주의를 더 쉽게 붙잡아 가져올 수 있기 때문이다. **집중하기**의 후반부 섹션에서 아이들은 몸과 마음이 고요해진 뒤의 미세한 감각을 면밀히 관찰해 주의력을 다듬고 발달시키게 된다.

놀이 05

## 몸 흔들기

**드럼 소리에 맞춰 몸을 흔들어 에너지를 방출하고 집중력을 높인다.**

**삶의 기술** : 집중하기, 고요하게 하기 **대상 연령** : 모든 연령

### 놀이 진행 순서

1. 내 발바닥에 마법의 풀을 칠한 뒤, 바닥에 발을 단단하게 붙인다고 상상해봅니다. (한쪽 발바닥에 풀을 칠한 뒤 바닥에 발을 붙이는 동작을 흉내 낸다. 다른 쪽 발바닥도 같은 동작을 흉내 낸다. 아이들이 선생님의 동작을 따라 하게 한다.)
2. 이번에는 무릎을 요리조리 조금씩 움직여봅니다. 단, 바닥에 붙인 발을 떼면 안 됩니다.(발이 바닥에 단단히 붙어 있는 것처럼 발바닥을 고정시킨 채로 무릎을 조금씩 움직여본다.)
3. 자, 이제 드럼 소리에 맞춰 몸을 흔들어봅니다. 이번에도 발바닥은 바닥에 붙어 있어야 해요. 드럼 소리가 커지면 몸을 더 크게 흔들어요. (드럼 소리를 크게 한다. 드럼 소리가 커지는 동안 선생님은 몸동작을 최대한 크게 해 보인다.)
4. 드럼 소리가 작아지면 이제 몸동작도 작게 해봐요. (드럼 소리를 낮춘다. 드럼 소리가 작아지면 선생님은 몸동작을 최대한 작게 해 보인다.)
5. 이번에는 드럼 소리를 아주 빠르게 할 거예요. 그러면 여러분은 어떻게 해야 할까요?(드럼 소리를 빠르게 한다. 아이들은 아마 "몸을 빠르게 움직여요."라고 대답할 것이다.)
6. 그리고 드럼 소리를 느리게 하면요? (드럼 소리를 느리게 한다. 아이들은 "몸을 천천히 움직여요."라고 대답할 것이다.)
7. 잘 했어요. 이번에는 드럼 소리를 놓치지 않고 끝까지 따라가 볼 거예요. 소리가 완전히 들리지 않을 때까지요. 소리가 들리지 않으면 몸동작도 멈추는 거예요. (드럼 소리를 빠르고 느리게, 시끄럽고 조용하게 번갈아 가며

들려준다. 드럼 소리가 완전히 멈추면 아이들은 몸동작을 정지한다.)

8. 이제 몸을 편안하게 이완시킨 상태에서 몇 차례 숨을 쉬어보아요. 그런 다음 몸 흔들기 놀이를 한 번 더 해봐요. (아이들이 충분히 마음을 가라앉힐 시간을 준 다음, 위 순서대로 처음부터 다시 한 번 한다.)

지도 방법

1. 드럼이 없으면 허벅지를 두드려 드럼 비슷한 소리를 내도 된다.
2. 한자리에 오래 앉아 있었을 경우, 몸을 흔드는 이 놀이로 분위기를 바꿔 본다.
3. 아이들이 돌아가며 놀이를 리드하는 방법도 좋다.
4. 몸 흔들기 놀이는 앉아서(책상에 앉거나 혹은 바닥에 빙 둘러 앉은 채로) 해도 좋고, 서서 해도 무방하다.
5. 주변 상황 상, 아이들이 몸을 흔드는 게 적절하지 않은 경우도 있다. 이럴 때는 앉은 자리에서 천천히 좌우로 몸을 왔다 갔다 하거나, 손으로 베개를 쥐는 등의 감각 닻을 사용해도 좋다.
6. 아이와 부모가 마음을 고요히 하고 진정시키는 데 흔히 사용하는 감각 경험에는 이밖에도 앞뒤로 몸 흔들기, 양손 맞잡기, 안아주기, 노래 부르기 등이 있다.

들뜬 에너지를 내보내는 목적으로 몸을 가볍게 움직이는 중간중간에 아예 완전히 쉬게 하는 것도 좋다. 이렇게 하면 아이들뿐 아니라 어른들도 신경계를 **고요히 하는** 데 도움이 된다.

『열린 가슴, 열린 마음Open Heart, Open Mind』이라는 책에서 서양의 정신에 대한 깊은 통찰을 지닌 티베트 승려 촉니 린포체는 성인들에게 명상을 가르칠 때 이러한 기본적인 이해를 활용한다.('린포체'라는 말은 명상 수행이 뛰어난 스승을 가리키는 티베트어이다.) 촉니 린포체의 아버지인 고故 툴쿠 우르겐 린포체는 티베트에서 태어나 이후 네팔에서 아내와 정착했다. 그는 현대의 가장 위대한 명상 스승 가운데 한 사람으로, 그의 네 아들 모두 현재 유명한 명상 지도자가 되었다. 나는 그들 중 두 사람인 촉니 린포체와 그의 동생인 욘게이 밍규르 린포체와 공부하는 행운을 누렸다. 욘게이 밍규르 린포체 역시 여러 권의 책을 쓴 저자이자 떼가르 명상 공동체Tergar Meditation Community를 설립해 이끌고 있다.

내가 처음 촉니 린포체의 명상 수업을 들었을 때, 그는 일주일 동안의 집중명상을 시작하기에 앞서 우선 참가자들이 자신의 몸과 느낌에 편안하게 이완하도록 몸을 움직이는 시간을 가졌다. 등을 곧게 펴고 몸은 편안하게 이완한 채로 자리에 앉아 있는 동안, 촉니 린포체는 참가자들에게 팔을 어깨 높이까지 올려 흔들어보라고 했다. 그런 다음 그가 신호를 주자 참가자들은 마음껏 숨을 내쉬면서 들고 있던 팔을 아래로 툭 떨어뜨렸다. 그렇게 우리는 양손을 무릎 위에 얹고 우리의 생각과 감정을 통제하려고 노력하지 않는 채로 잠시 가만히 있었다. 린포체는 다시 우리에게 팔과 손을 들어 올려 흔들어보라고 하고는 갑자기 떨어뜨리라고 했다. 그리고 떨어뜨린 손을 무릎 위에 올려놓은 채로 가만히 있어보라고 했다. 그는 이 과정을 몇 차례 더 반복했다. 이후 〈사자의 포효Lion's Roar〉라는 잡지에 실린 어느 기사에서 그는 이렇게 말했다.

"어떤 일이 일어나든, 손을 떨어뜨린 뒤 손이 착지하는 그 지점에서 움직이지 않고 그냥 그대로 있어봅니다. 무언가를 하려고 하거나, 어떤 일이 일어나게 하려고 애쓰지 않습니다. 그냥 그대로 있어봅니다. 새로운 것을 찾거나, 특별한 통찰의 상태를 얻으려 노력할 필요도 없습니다. 어떤 느낌이든, 어떤 신체 감각이든 일어나는 그대로 느끼면서 그저 가볍게 알아차립니다. 느낌과 신체 감각을 자연스럽고 부드럽게 느껴봅니다. 무엇도 지금과 다르게 바꾸려고 하지 않습니다. 불편한 느낌이 올라오면, 그것을 분석하거나 해결하려고 하지 않습니다. 그저 몸을 이완한 채로 그 느낌을 신뢰해봅니다."

신경계에 관하여 우리가 알고 있는 과학 지식에 비추어보면, 린포체의 이 수련법은 마음을 진정시키는 데 확실한 효과가 있다. 린포체의 수련에는 크게 세 단계가 있다. 짧은 흥분의 시간, 짧은 진정의 시간, 그리고 날숨을 강조하는 시간이다. 이 세 가지 전략은 함께 작용하면서 산란한 에너지를 방출하고 자율신경계의 휴식-소화 기능을 활성화시킨다.

어떤 느낌이 올라오든 분석하거나 해결하려 하지 않고, 있는 그대로 놓아두라는 린포체의 가르침은 지나치게 민감한 스트레스 반응에 제동을 거는 또 하나의 마음챙김 기반 전략이다. 저연령 아동은 아직 신체발달상 자신의 생각과 느낌에서 한 발 물러나 생각하는 준비가 되어 있지 않다. 하지만 고연령 아동과 십대 청소년이라면 생각과 느낌에서 한 발 떨어져 관찰하는 것은 처음엔 조금 어색해도 충분히 시도해볼 만한 방법이다.

스노우볼(투명한 구형 유리에 투명한 액체와 눈처럼 잘게 조각난 입자가 들어 있다) 을 이용한 다음 놀이는 스트레스 반응이 예민해졌을 때 진정하는 법을 아이들이 이해하는 데 도움이 된다. (스노우볼이 없으면 투명한 유리 물병 안에 베이킹 소다를 넣은 것으로 대체한다) 이 놀이는 오랜 시간에 걸쳐 효과가 입증된 2단계 전략을 사용한다. 그것은 단순한 중립적 대상에 주의의 닻을 내려 가볍게 **집중하면서**, 이때 일어나는 생각과 감정을 그저 그대로 놓아두고 관찰하는 것이다. 스노우볼 안의 눈 입자는 곧 우리가 느끼는 스트레스와 격한 감정들을 상징한다. 스노우볼을 흔들면 하얀 눈 입자가 소용돌이치면서 액체가 탁해진다. 그러다 스노우볼을 가만히 놓아두면 눈 입자가 가라앉으면서 서서히 맑아진다. 이를 통해 아이들은 고요하고 명료한 느낌의 상태로부터 스트레스에 압도당하는 상태로 넘어갔다가 다시 평온한 느낌의 상태로 돌아오는 것을 시각적으로 경험한다. '스노우볼 관찰하기' 놀이는 우리 몸과 마음에서 일어나는 일을 시각 경험과 연관 지어 이해할 수 있게 해준다.

놀이 06

## 스노우볼 관찰하기 : 명료하게 보기

**스노우볼을 흔들어 관찰하며, 자신의 몸과 마음에서 일어나는 여러 현상들 사이에 어떤 관련성이 있는지 깨닫는다.**

**삶의 기술** : 집중하기, 보기

**대상 연령** : 모든 연령

### 놀이 진행 순서

1. **지도 포인트** : 스트레스를 받을 때 자신의 몸이 어떻게 느끼는지 표현할 수 있는가? 스트레스를 받을 때 자신의 마음이 어떻게 느끼는지 말할 수 있는가? 스트레스를 받을 때 명료하게 사고할 수 있는가?
2. 자, 스노우볼이 지금처럼 정지 상태일 때 글로브 속의 물을 통해 반대편이 보이나요?
3. 그럼 선생님이 스노우볼을 마구 흔들면 어떻게 될까요? 글로브 속의 물을 통해 반대편이 보일까요? (스노우볼을 흔든다. 하얀 눈 조각이 회오리치면서 물이 흐려진다.)
4. 이제 손을 여러분의 배 위에 올려놓고 호흡을 느껴봅니다. (스노우볼을 흔드는 것을 멈춘다. 눈가루가 가라앉는다.)
5. 지금은 스노우볼 속의 물을 통해 반대편을 볼 수 있나요?
6. 눈 입자가 완전히 가라앉았나요? 아직 아니군요. 우리의 생각도 마찬가지입니다.  스노우볼 속 떠다니는 눈 조각처럼 우리 마음이 너무 바빠서 또렷하게 생각할 수 없는 거예요. 만약 이때 호흡을 느끼면서, 일어나는 생각을 있는 그대로 놓아두면 어떻게 될까요? 아마 눈 조각이 내려앉듯 생각이 가라앉으면서 또렷하게 생각할 수 있지 않을까요?
7. 자, 이제 한 번 더 해볼까요? (시연을 한 차례 더 반복한다.)

### 지도 방법

1. 놀이를 하는 동안 아이가 진정되는 느낌을 갖도록 놀이 시작 전에 몸을 움

직이는 짧막한 신체 활동 시간을 가져 에너지를 조금 올리는 방법도 있다. 만약 놀이 전에 고요하고 편안한 집중 상태에 있었다면 놀이가 끝날 때까지 느낌이 달라지는 것을 경험하지 못할 수도 있기 때문이다.

2. 명상은 마음을 텅 비우거나 생각을 없애는 것이 아니다. 그러나 일부 어린이는 그렇게 생각한다. 아이들은 명상을 할 때 생각이 일어나면 이것을 '잘못된' 것이라고 믿을 수도 있다. 이때 선생님은 생각과 감정이 나쁜 것만은 아니라 마치 스노우볼 속에서 소용돌이치는 눈 조각처럼 아름다울 수 있음을 알려줄 필요가 있다. 이렇게 하면 아이들은 아름다운 생각이라도 주의를 산만하게 할 수 있음을 깨닫는다.
3. 아이가 이 비유를 이해하면 "이제 스노우볼의 눈 조각(즉 너의 생각을) 고요하게 만들 수 있는지 보자꾸나."라고 말해보라. 이렇게 하면 아이가 지나치게 흥분하거나 화가 났을 때 자신의 호흡에 집중하도록 부드럽게 유도할 수 있다.
4. 그러나 스노우볼을 가만히 놓아두었을 때 눈 조각이 가라앉는 것과 똑같은 방식으로, 명상이 일상생활의 스트레스를 완전히 없앨 수는 없다는 점도 지적해주라. 명상이 스트레스를 완전히 없앨 수는 없어도 스트레스를 관리하는 데는 도움이 된다고 알려주라. 명상은 우리가 지나치게 흥분하거나 화가 날 때 편안하게 이완하면서 마음을 가라앉히도록 해주기 때문이다. 그러면 우리는 우리 내면과 주변에서 일어나는 일을 명료하게 볼 수 있다.

생각과 느낌이 서로 연결되어 있다고 믿지 않으면 **고요하게 하기** 도구는 소용이 없다. 다음 놀이는 레몬을 깨무는 상상을 통해 몸과 마음이 연결되어 있음을 믿지 않는 아이들이 몸-마음의 연결성을 직접 체험하게 해주는 놀이이다. 레몬이 눈에 보이지 않아도, 그것을 한 입 깨무는 상상만으로 아이들은 얼굴을 찌푸리며 입에 침이 고인다.

놀이 07

## 상상 속 레몬 맛보기 : 몸과 마음의 연결성

**레몬을 한 입 깨문다고 상상하는 것만으로 마음에서 일어나는 일과 몸에서 일어나는 일이 서로 연결되어 있음을 깨달을 수 있다.**

---

**삶의 기술** : 집중하기, 보기 **대상 연령** : 고연령 아동, 십대

---

### 놀이 진행 순서

1. **지도 포인트** : 어떤 생각을 하느냐에 따라 몸의 느낌이 바뀔 수 있는가? 반대로, 몸에서 어떤 느낌을 느끼느냐에 따라 생각이 바뀔 수 있는가? 감정이 바뀌면 몸에서 느껴지는 느낌도 바뀌는가? 또 몸의 느낌이 바뀌면 우리가 느끼는 감정도 바뀌는가?
2. 양손을 무릎 위에 놓고 허리는 곧게 편 채 몸은 편안하게 이완하면서 눈을 감은 채로 자리에 앉습니다.
3. 여러분이 지금 부엌의 식탁에 앉아 있다고 상상합니다. 여러분 앞에는 지금 노란 레몬이 하나 있어요. 자, 이제 레몬을 손으로 집어 드는 상상을 해봅니다. 지금 여러분의 손에 레몬의 촉촉하고 차가운 감각이 느껴진다고 상상해보세요. 이제 칼로 레몬을 반으로 잘라 반쪽을 집어 듭니다. 레몬의 향기를 맡아본 다음, 한 입 깨물어봅니다. 실제로 하는 게 아니라 모두 머릿속으로 상상하는 거예요. 지금 여러분의 입에서 어떤 일이 벌어지고 있나요?
4. **지도 포인트** : 레몬을 한 입 깨문다고 상상했을 때, 마치 실제로 레몬을 깨문 것처럼 몸이 반응했는가? 이것은 몸-마음의 연결성을 보여주는 사례라고 할 수 있는가? 몸-마음 연결성의 또 다른 사례는 어떤 것이 있을까?

### 지도 방법

1. 일단 아이가 선생님이 말한 '몸-마음의 연결성'이 무엇인지 이해하면, 스스로 몸-마음의 연결성을 깨달을 수 있다. 아이들이 이해한 몸-마음의 연

결성을 선생님에게 이야기해 주도록 요청하라.

2. 둘 이상의 아이를 지도할 때는 '새끼손가락으로 가리키기 놀이'를 통해 다른 사람도 비슷한 방식으로 스트레스에 반응한다는 사실을 아이들이 알게 한다.
3. 선생님이 놀이 지시를 할 때 아이들은 종종 충실하게 따라 하지 않는다. 레몬을 깨무는 시각화 놀이에서도 어떤 아이들은 머릿속으로 이 장면을 이리저리 분석한다. 머릿속 분석은 아이가 현재 순간에서 멀어지게 한다. 시각화 연습으로 모든 사람이 신체적 반응을 경험하지 못하는 이유도 머리로 분석하기 때문이다. 물론 신체 반응을 경험하지 못하는 아이도 연습하면 경험할 수 있다. 처음에 레몬 시각화가 효과가 없었다면(즉, 아이가 신체 반응을 경험하지 못했다면) 다음번에 다시 시도해보라.

상상 속 레몬 맛보기를 통한 '몸-마음 연결성' 놀이와 스노우볼 관찰을 통한 '명료하게 보기' 놀이는 고도의 스트레스와 심리적 압박감, 그리고 그 부정적 효과를 줄이는 법에 관한 대화에 필요한 개념적 토대가 된다. 내가 아이들과 청소년들에게 마음이 몸에 영향을 미치는 예를 들어보라고 하면, 아이들은 흔히 불안해지면 배가 아프다거나, 걱정하고 지나치게 흥분할 때면 잠을 이루지 못한다는 이야기를 한다. 아이들이 자기만 이런 경험을 하는 게 아님을 알면 마음의 위안을 얻는다. 그래서 나는 내가 경험한 비슷한 사례를 아이들에게 들려준다. 몸-마음의 연결성을 보여주는 사례를 들 때는, 현재 자신의 생각과 느낌 때문에 기분이 나빠진 사례만이 아니라, 기분이 좋아진 사례도 함께 이야기하는 것이 좋다. 이렇게 하면 책 후반부에 나오는 '친절 시각화' 놀이와 관련하여 아이들과 나눌 이야기를 미리 준비하는 효과도 있다.

# 2부

# 보기 그리고 새롭게 보기

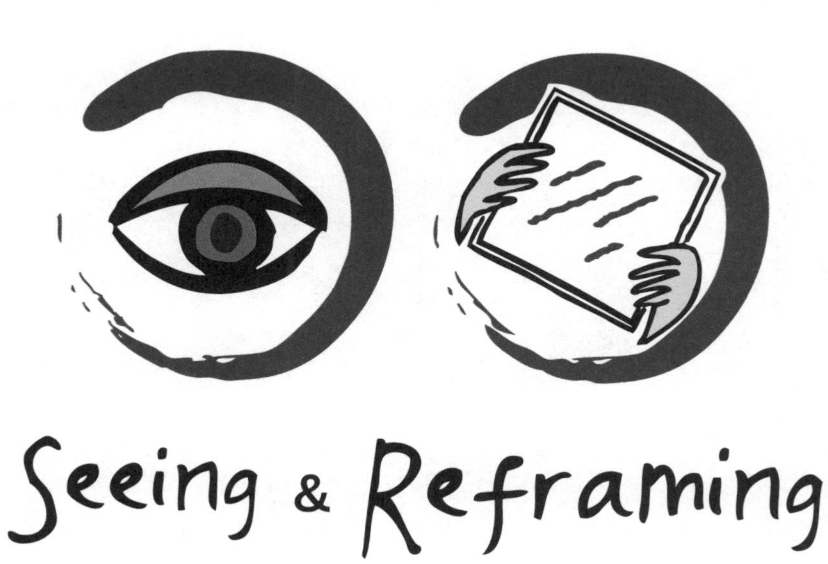

마음이 고요해지면 아이들의 머릿속엔 지금 일어나는 일을 더 명료하게
볼 수 있는 '공간'이 만들어진다. 이렇게 자기 몸과 마음에서 일어나는 일을
'알아차리게' 되면 몸의 감각("나는 지금 안절부절 못하고 있어"라던가 "가슴이
두근거려" 같은)이 일어날 때 곧바로 말과 행동으로 드러내지 않고,
멈추어 돌아보는 신호로 삼을 수 있다. '보기와 새롭게 보기'라는
삶의 기술은 어린이와 십대들이 어떤 감정과 사건, 상황 앞에서 성급하게
결론으로 치닫지 않고, 자동반사적 반응과 판단에서 한걸음 물러서는
능력을 키울 수 있다.

**3장 열린 마음으로 보기 :**
하나의 일에 대해서 친구들과 나의 생각과 느낌, 감정이 각각 다름을 살펴보며,
자기의 경험을 열린 마음으로 본다.

**4장 감사하기 연습 :**
마음의 시야가 넓어지면 감사가 따라온다.
감사의 마음은 더 넓은 세계를 보게 한다.

**5장 지금 이 순간을 알아차림 :**
지금 이 순간에 집중하는 놀이를 통해
평범한 일상에서 기쁨과 행복을 발견한다.

어린 물고기 두 마리가 함께 헤엄을 치던 중, 반대 방향으로 가던 늙은 물고기와 우연히 마주쳤다. 늙은 물고기는 고개를 끄덕이며 어린 물고기들에게 인사를 건넨다. "좋은 아침이야, 얘들아. 물은 어떠니?"

어린 물고기들은 아랑곳하지 않고 계속 헤엄을 쳤다. 그러던 중 한 마리가 다른 한 마리를 쳐다보며 이렇게 묻는다. "그런데 도대체 물이 뭐니?"

2005년 데이비드 포스터 월리스가 케니언 칼리지 졸업생을 상대로 한 졸업식사에 소개한 이야기다. 이 이야기의 핵심은, 삶의 아주 명확하고 근본적인 사실조차도 종종 우리가 눈으로 알아보고 그에 관해 이야기하지 못할 때가 있다는 점이다.

내가 UCLA의 유아보육센터 연수회에서 가르치고 있을 때 월리스의 물고기 이야기가 다시 생각이 났다. 당시 나는 유치원 수업에 쓰인 화이트보드에 '분위기atmosphere'라는 단어가 적혀 있는 것을 보고는 센터의 이사인 게이 맥도널드에게 네 살짜리 아이들이 과연 이 단어의 의미를 이해하는지 물었다. 그러자 그녀는 어린 아이들이라

해도 적절한 맥락과 함께 가르치면 다소 어려운 개념도 학습할 수 있다고 답했다.

나는 그녀의 말을 듣고, 명상 훈련에는 다소 어려운 개념이 들어가게 마련이지만, 이 개념들이 아이들의 발달 단계상 이해하기 어렵다 해도 얼마든지 쉽게 설명하고 재미있게 가르치는 방법이 있겠다고 생각했다. 윌리스의 이야기에서 어린 물고기들은 자기가 이해조차 하지 못하는 물속에서 행복하게 헤엄을 쳤다. 마찬가지로, 지혜와 자비를 개념적으로 이해하지 못하더라도 아이들은 얼마든지 이런 마음의 성질을 자신의 몸으로 느끼고 드러낼 수 있다. 실제로 명상 수련을 꽤 오래 한 사람들도 지혜와 자비 같은 마음의 몇몇 성질은 우리의 개념적 이해를 넘어선 무엇이라고 말한다.

명상이 정원 가꾸기와 비슷한 점이 있다면, 그것은 준비가 중요하다는 점이다. 초보 정원사가 저지르는 가장 큰 실수는 땅을 제대로 가꾸기도 전에 씨를 뿌리는 것이다. 씨를 뿌리기 전에 화단에서 돌을 골라내는 데 지속적인 신체적 노력을 기울여야 하듯이, 우리에게 고통을 일으키는 생각과 행동의 습관적 패턴을 드러내는 데도 지속적인 정신적 노력이 필요하다. 그리고 행동의 패턴을 변화시키는 데는 훨씬 더 지속적인 노력이 요구된다. 여기에는 세계관의 전환까지도 필요하다. 세계관의 전환은 아주 길고 울퉁불퉁한 과정이다. 그렇다고 해서, 특히 아이들이라고 해서 그만 둘 필요는 없다. 아이들에게 이 내면의 작업은 정원사가 돌을 골라내는 곡괭이처럼 단단한 무엇이 아니라, 부드러운 터치와 유머 감각으로 접근하는 편이 낫다는 점만 잊지 않으면 된다.

# 3장
## 열린 마음으로 보기

아들이 들려준 이야기이다. 우리가 살면서 바로 다음 순간에 무슨 일이 일어날지 모른다는 사실을 이 이야기를 통해 알게 된다.

> 농부인 아버지와 아들이 어느 날 아침, 잠을 깨어 보니 그들의 말이 도망간 사실을 알았다. 소문은 빠르게 퍼졌다. 소문을 들은 이웃 여자가 말했다. "재수 더럽게 없군요!" 그러자 농부가 말했다. "한번 지켜보죠."
> 그러던 중, 도망간 말이 돌아왔다. 그것도 아주 멋진 씨말과 함께. 이웃들이 외쳤다. "경사 났군요!" 이번에도 농부는 말했다. "지켜봐요."
> 농부의 아들이 씨말에 올라탔다. 그러자 말이 날뛰기 시작했다. 말을 부리던 아들은 그만 땅에 떨어져 다리가 부러지고 말았다. 이웃들은 말했다. "저런! 정말 안됐어요." 이번에도 농부는 말했다. "지켜보죠."
> 전쟁이 났다. 마을의 젊은 남자들이 모두 군대에 징집되었다. 하

지만 농부의 아들은 다리가 부러져 군대에 가지 않았다. 이웃들은 농부에게 축하를 보내며 말했다. 농부는 어깨를 으쓱하더니 말했다. "그냥 지켜보는 거죠."

마음챙김과 명상을 하면 위 이야기의 농부처럼 아이들이, 그리고 부모들도 삶의 복잡성과 불확실성에 대해 편안한 마음을 가질 수 있다. 이것은 많은 사람에게 커다란 위안이 된다. 미국의 선구적 명상 지도자이자 통찰명상협회Insight Meditation Society의 공동 창립자인 조셉 골드스타인이 한 번은 로스앤젤레스에서 열린 법회에서 자신이 두 명상학파의 서로 모순되는 점을 해결하려고 애썼던 일에 대해 이야기한 적이 있다. 골드스타인은 법당에 꽉 들어 찬 청중에게 말했다. 어느 학파의 견해가 옳은지 알려고 애썼지만, 반드시 한쪽이 옳고 한쪽이 틀려야 하는 건 아니라는 걸 깨달았다고 말이다. 그는 말했다. "그렇게 생각하니 마음이 편해졌어요." 이 법회를 연 지 7년 뒤에 그는 PBS 텔레비전 네트워크의 웹사이트에 올린 글에서 '알지 못함'이 주는 위안에 대해 이렇게 말했다.

우리는 많이 알지 못합니다. 아는 것보다 모르는 게 더 많지요. 그래서 특정한 관점과 견해에 대한 집착, 특히 우리가 잘 모르는 관점과 견해에 대한 집착을 내려놓으면 마음이 편해집니다. 내가 요즘 새롭게 마음속으로 외는 주문呪文이 있어요. "누가 알겠는가?"라는 주문이에요. 그런데 이러한 '알지 못함'은 당혹스러운 일이 아닙니다. 혼란스러운 일도 아니에요. 그건 실제로 신선한 공기를

> 들이마시는 것과 같아요. 마음을 열어두는 거죠. 알지 못한다는 건, 아직 정답을 갖지 못한 아주 흥미로운 물음들에 단순히 열린 마음을 갖는 걸 의미합니다.

고연령 아동과 십대 청소년들이 자신이 아직 모든 답을 갖지 않았다는 사실에 편안할 수 있으면, 알지 못함에 따라다니는 부정적 느낌을 긍정적으로 변화시킬 수 있다. 당장 정답을 내야 하는 필요성을 내려놓는다면 아이들은 어떤 일이 일어나든 보다 여유로운 마음으로 응대할 수 있다. 여유로운 마음으로 응대하면 나와 다른 견해에 더 수용적인 태도를 가질 수 있다. 또 바로 여기에서 우리를 기다리고 있는 일에 호기심을 가질 수 있다. 이건 부모들도 마찬가지다. 마일라 카밧진과 그의 남편 존 카밧진 박사는 『매일의 축복Everyday Blessings』이라는 자녀 양육서에서 열린 마음이 주는 이익에 대해 말한다. 존 카밧진은 비종교적 마음챙김 운동의 선구자로서, 매사추세츠 의과대학에서 '마음챙김에 기초한 스트레스 완화MBSR' 프로그램을 개발했으며 마음챙김에 관한 여러 권의 책을 집필했다. 그와 아내는 책에서 이렇게 말한다.

> '마음챙김 자녀 양육Mindful parenting'의 취지는 부모가 아이들과 일상적인 활동을 해나가는 과정에서, 정말로 중요한 것이 무엇인지 잊지 말자는 것입니다. 많은 경우, 우리는 그 중요한 것을 우리 자신에게 상기시키려고 노력합니다. 그런데 그 순간 중요한 것이 무엇인지 '도대체 감을 잡지 못할 때도 있다'는 걸 인정하는 수밖

에 없을 때도 있습니다. 왜냐하면 우리가 살면서 삶의 가닥이나 의미, 방향을 잃어버리는 일은 매우 자주 있기 때문이죠. 그런데 부모로서 가장 힘든 순간, 심지어 가장 끔찍한 순간에조차 우리는 의도적으로 거기서 한 발 물러나 처음부터 새롭게 시작할 수 있습니다. 즉, 마치 처음인 것처럼 새로운 눈을 가지고 우리 자신에게 이렇게 물어볼 수 있습니다. "지금 진실로 중요한 게 무엇이지?" 라고 말입니다.

우리가 하는 모든 경험은 유일무이하며 각각의 순간을 탄생시킨 원인과 조건은 셀 수 없이 많다. 아이들이 다양한 각도에서 자신의 경험을 보려 해도 그것들 모두를 볼 수 있는 것은 아니다. 티베트의 영적 지도자 달라이 라마는 『종교를 넘어Beyond Religion』라는 책에서 우리가 아무리 전체 그림을 보려 해도 그것을 다 볼 수는 없다고 말한다. 그의 말은 어떤 의미일까? 매 순간 변화하는 원인과 조건이 거대한 그물망처럼 엮여져 지금 이 순간이 탄생했다는 점에 대해 잠시 생각해보면 그의 말이 어떤 의미인지 조금은 짐작할 수 있다. 당신의 부모님이 서로 만나지 않았더라면 당신은 태어나지 않았을 것이다. 마찬가지로, 당신의 조부모님이 서로 만나지 않았더라면 당신의 부모님은 지구상에 발을 딛지 못했을 것이다. 그리고 그 결과로, 당신도 지금 여기에 있지 않을 것이다. 당신의 조상들은 엄청난 세대를 이어오며 자녀를 가졌고, 그 자녀들 한 사람 한 사람이 당신이 지금 이 책을 읽고 있는 무수한 연결 고리를 이루었다. 물론, 당신이 나와 피를 나눈 친척이 아니라면, 나는 당신과는 완전히 다른 계보의 원인과 조건으로 태어났다. 그러나 그렇다 해도 만약 나의 조상들 한 사람, 한 사람이 생존해 사랑을 하면서 아이를 갖지 않았다면 나란 사람이 책을 쓸 수 없었을 것이고, 그렇다면 당신도 지금 이 책을 읽고 있지 않을 것이다. 우리가 신의 계획에 따라 이 세상에 태어났건, 아니면 그저 알 수 없는 운명으로 태어났건, 지구와 거기 존재하는 모든 사물과 사람들은 매 순간 변화하면서 서로에게 의존하고 있다. 우리 모두는 신비로운 퍼즐의 한 조각들이다. 달라이 라마는 이 놀라운 생각에 관하여 우리에게 확신을 준다.

> 물론, 아무리 알려고 노력해도 인간의 앎은 불완전할 수밖에 없습니다. 붓다와 신처럼 엄청난 통찰력을 지닌 전지전능한 존재가 아니라면 우리는 앞으로도 결코 전체 그림을 볼 수는 없을 겁니다. 어떤 상황을 낳은 수많은 원인들을 남김없이 모두 알 수는 없다는 말입니다. 마찬가지로, 우리는 우리의 행동이 어떤 결과를 낳을지 남김없이 예측할 수도 없습니다. 언제나, 어떤 경우에나 '불확실성'이라는 요소가 존재할 수밖에 없습니다. 이 점을 인정할 필요가 있습니다. 그러나 그렇다고 해서 걱정에 휩싸일 필요는 없습니다. 합리적인 평가의 가치를 저버릴 필요는 더욱 없습니다. 대신 적절한 겸손함과 신중함으로 우리의 행동을 보완해야 합니다. 때로, 우리가 정답을 모른다고 인정하는 것 자체가 도움이 될 수 있습니다.

아이들은 원인과 조건이 마치 조각보 이불처럼 복잡하게 엮여 매 순간을 낳는다는 걸 아직 이해하지 못한다. 그렇다 해도 자신이 모든 질문에 대한 답을 알지 않아도 된다는 사실을 받아들이면 불확실성에 직면해 더 안정감을 가질 수 있다.

존 로우가 그림을 그리고 애너카 해리스가 지은 『나는 궁금해 I Wonder』라는 책에서 주인공 에바는 엄마와 함께 달빛이 비치는 밤의 숲속을 걷고 있다. 엄마가 에바에게 질문을 하나 던지자 에바는 어떻게 답해야 할지 몰라 당황해한다. 그러자 엄마는 에바를 안심시키며 이렇게 말한다. "모른다고 말해도 괜찮단다." 결국, 부모들도 모든 질문에 대한 답을 알고 있는 건 아니지 않은가. 새롭게 자신감을 얻은 에바는 이제 봇물 터진 듯 창의적인 질문을 연이어 던진다. "달과 지구는 어떻게 그렇게 가까이 지낼 수 있어요?" "둘이 친구예요?" "내게 찾아오기 전까지 나비는 어디에 있었어요?" 불확실성을 불편해하는 대신, 에바는 이제 엄마와 함께 삶의 신비로움을 탐험하는 데 흥분한다.

다음 놀이는 신비로운 상자 안에 무엇이 들어 있는지 맞혀보는 놀이이다. '신비 상자'라는 이 놀이는 새로운 것을 시도하는 게 어떤 것인지, 질문에 대한 답을 알지 못하는 게 어떤 건지, 다음에 무슨 일이 벌어질지 알지 못하는 게 어떤 것인지에 관한 대화로 자연스럽게 이어질 수 있다. 아이가 안 보는 데서 미리 신비 상자 안에 재미있는 물건을 넣어두라. 그리고 상자를 닫은 채로 아이의 눈에 띌 만한 곳에 놓아두라.

놀이 08

## 신비 상자

**신비 상자 안에 무엇이 들어 있는지 맞혀보는 활동을 통해, 우리가 답을 모르는 질문을 받았을 때 어떤 느낌이 드는지 짐작해본다.**

**삶의 기술** : 보기, 새롭게 보기 **대상 연령** : 저연령 아동

### 놀이 진행 순서

1. 신비 상자 안에 무엇이 들어 있는지 맞혀보세요.
   (아이들의 대답을 경청한다.)
   **지도 포인트** : 상자 속에 뭐가 들어 있는지 알지 못한다는 게 어떤 느낌일까? 흥분되는가? 아니면 좌절감을 느끼는가? 아니면 그 밖의 다른 느낌이 드는가?
2. (상자를 들고 느껴본다. 상자를 이리저리 살펴보고 흔들어도 본다. 아직 상자를 열지 않는다.) 상자 안에 뭐가 들어 있을지, 또 다른 생각은 없어요?
   (아이들의 대답에 귀를 기울인다.)
3. 이제 상자를 열어 뭐가 들어 있는지 살펴볼게요.
   **지도 포인트** : 다음에 무슨 일이 벌어질지 알지 못하는 건 어떤 느낌일까? 당신은 새로운 일을 시도하기를 좋아하는가, 아니면 새로운 시도를 하지 않는 편인가? '이것'을 예상했는데 '저것'을 만났다면 어떤 느낌일까? (선물을 열어 보기까지, 친구의 집에 놀러가는 동안, 그네를 타는 차례를 기다리는 동안) 기다려야 한다는 건 어떤 느낌일까?

### 지도 방법

1. 상자 안에 넣어둘 만한 물건: 클립, 꽃, 풍선, 레고 장난감, 지우개 등
2. 아주 어린 아이들에게는 아이들이 맞히기 전에 상자 안에 들어 있을 만한 물건의 예를 미리 몇 가지 알려준다.
3. 아이들이 한 명씩 돌아가며 상자에 물건을 넣은 뒤 다른 아이들이 맞춰보도록 해도 좋다.

다음에 소개하는 '큰 그림' 놀이는 자기 나름대로 조사하고 모든 사항을 비교 검토한 뒤 결론을 내리더라도 정확한 답을 얻기에 정보가 부족할 수 있음을 알게 하기 위한 것이다. 놀이 시작 전에, 눈을 감은 채 코끼리의 몸 이곳저곳을 더듬으며 상상하는 그림을 아이들에게 보여주어도 좋다.(아래 그림 참조)

놀이 09

## 큰 그림

눈을 감고 사물의 일부만을 만져봄으로써 그것이 무엇인지 짐작하는 게 어떤 경험인지 상상해본다. 이를 통해 우리가 어떤 정보를 가졌느냐에 따라 무엇을 믿는가가 달라진다는 점을 알 수 있다.

**삶의 기술** : 보기, 새롭게 보기 **대상 연령** : 모든 연령

### 놀이 진행 순서

1. 눈을 감고 코끼리 몸의 일부를 만져보며 그것이 무엇인지 맞춰보라고 하면 어떨까요? 그것이 코끼리인지 알 수 있을까요?
   - 코끼리 코를 만졌다면 그걸 뭐라고 생각할까요?
     (힌트: 코끼리의 코는 마치 뱀이나 호스처럼 길고 둥근 모양이에요.)
   - 코끼리 다리를 만졌다면 그걸 뭐라고 생각할까요?
     (힌트 : 코끼리의 다리는 나무의 몸통처럼 커다랗고 둥글죠.)
   - 코끼리 상아를 만졌다면 그걸 뭐라고 생각할까요?
     (힌트: 코끼리의 상아는 칼처럼 날카로워요.)
   - 코끼리 귀를 만졌다면 그걸 뭐라고 생각할까요?
     (힌트: 코끼리의 귀는 부채처럼 얇고 넓은 모양을 하고 있어요.)
2. **지도 포인트** : 선생님이 누군가에 관한 정보를 충분히 갖지 못해 그 사람을 오해한 경험을 아이들에게 들려주라. 또 누군가가 당신에 대해 잘 알지 못해 당신을 오해한 이야기도 좋은 예가 될 것이다.

### 지도 방법

1. 저연령 아동을 상대로 할 때는 커다란 동물 봉제인형을 아이들이 모르는 장소에 미리 준비해둔다. 아이들에게 눈을 감으라고 한 뒤, 동물 봉제인형을 가져와 인형의 일부(다리, 귀, 동그란 배 등)를 만져본 다음 어떤 동물인지 맞춰보도록 한다. 아이가 계속 눈을 감고 있기 어렵다면 눈가리개를 사용한다.

대부분의 아이들이 자기가 무엇을 만지고 있는지 정확하게 맞히지 못하는 이유는 큰 그림을 보지 않았기 때문이다. 그런데 큰 그림을 보게 되더라도 아이들마다 서로 다르게 보는 때도 있다. 이 경우, 한 아이가 정답이고 다른 아이는 틀린 걸까? 그렇지 않다면 하나의 사물을 동시에 두 가지로 해석할 수 있을까?

'오리! 토끼!' 놀이는 착시 효과로 알려진 오리·토끼 그림으로 하는 놀이이다. 그림을 보고 오리라고 할 수도 있고 토끼라고 할 수도 있다. 그러나 동시에 오리이자 토끼로 볼 수는 없다. 이 그림은 20세기 초 미국의 심리학자 조셉 재스트로에 의해 알려졌으며, 오스트리아-영국 철학자 L. 비트겐슈타인의 저작을 통해 철학계에도 잘 알려져 있다. 부록에 있는 그림을 가지고 '오리! 토끼!' 놀이를 해보자.

놀이 10

## 오리! 토끼!

**오리 같기도 하고 토끼 같기도 한 그림을 유심히 살펴봄으로써 하나의 사물이 여러 가지로 해석될 수 있음을 이해한다.**

**삶의 기술** : 보기, 새롭게 보기　　**대상 연령** : 모든 연령

**놀이 진행 순서**

1. 이 그림을 함께 봐요. (모두에게 그림을 보여준다.)
2. 오리일까요, 토끼일까요?
(아이들의 대답을 기다린 다음, 선생님이 생각하는 것을 들려준다. 아이들과 선생님 중 누구라도 오리와 토끼 이외의 다른 동물을 떠올렸다면 왜 그

렇게 보이는지 아이들에게 설명해주도록 한다.)

3. 그림을 다시 한 번 보세요. 혹시 조금 전과 다르게 보이나요? 어떻게 보이나요? 오리인가요, 토끼인가요?
4. 누가 맞았고 누가 틀렸죠?
5. 다시 한 번 그림을 보세요. 이제 어떤 동물로 보이나요? 마음이 바뀌었나요?
6. **지도 포인트** : 이 그림이 정말로 오리라고(또는 토끼라고) 생각하는가? 아니면 오리인 동시에 토끼일 수도 있을까?

**지도 방법**

1. 에이미 크루즈 로젠탈과 탐 리히텐헬드는 오리·토끼 그림을 소재로 독창적인 그림책『오리야? 토끼야?』를 만들었다. 이 책을 자녀와 함께 읽으며 '지도 포인트'에 관한 이야기를 더 나누어도 좋다.

질문에 대해 손짓으로 답하는 다음 놀이 역시 일상생활을 포함해 우리가 사는 곳 어디에나 복잡성과 모순이 존재한다는 사실을 보여준다.

## 놀이 11 새끼손가락으로 가리키기

**새끼손가락을 위, 아래, 옆으로 가리켜 보이면서 자신의 느낌을 관찰하고 그것을 다른 사람에게 전할 수 있다.**

---

**삶의 기술** : 보기, 새롭게 보기 **대상 연령** : 모든 연령

---

### 놀이 진행 방식

1. 우리는 여러 가지 감정을 느끼지요. 행복할 때도 있고, 슬플 때도 있고, 지칠 때도 있고 짜릿한 흥분을 느낄 때도 있어요. 모두 자연스러운 느낌이에요. 감정을 느끼는 데는 단 하나의 옳거나 틀린 방식이 있는 게 아니에요. 느낌은 매 순간마다 바뀌죠. 아마 오늘 아침에 느꼈던 느낌과 지금 느끼는 느낌이 다를 거예요. 그리고 조금 지나면 또 다르게 느껴질 거예요. 어떤 때는 같다고 느끼고 어떤 때는 다르다고 느껴요. 어느 경우든 괜찮아요.
2. 심호흡을 한 번 하면서 바로 지금 여러분이 어떤 느낌을 느끼고 있는지 느껴보세요.
3. 선생님이 여러분에게 질문을 하나 할 거예요. 그 질문에 대한 자신의 답을 선생님이 "하나, 둘, 셋" 하면 동시에 새끼손가락을 가리켜 친구들에게 보여주는 거예요.
4. 선생님의 질문은 이거예요. "지금 가만히 자리에 앉아 있는 게 쉬울까, 어려울까?" 만약 자리에 가만히 앉아 있는 게 쉽다고 느껴지면 새끼손가락을 바닥을 향해 가리키세요. 어렵다고 느껴지면 새끼손가락을 위로 향하세요. 쉽지도 어렵지도 않고 중간이라면 옆으로 수평이 되게 가리키세요. 하나, 둘, 셋!
5. 손가락을 가리킨 채로 지금 우리 모두가 어떤 느낌을 느끼고 있는지 서로 둘러보세요. 모두 다른 답을 내놓았군요. 이렇게 옳거나 틀린 정답이 있는 게 아니에요. 흥미롭지 않나요?
   (아이들이 흥미를 보이면 계속해서 다른 질문을 던진다.)

### 지도 방법

1. '새끼손가락으로 가리키기' 놀이는 "잠시 쉬고 싶은 사람?"처럼 놀이의 진행과 관련된 질문을 하기에 재미있고 효율적인 방식이다. 하지만 이 놀이는 일반적으로 지금 이 순간 아이들이 어떻게 느끼는지 알아보는 데 사용할 수도 있다. 예를 들면 이런 식이다. "지금 여러분은 활기가 넘치나요? 아니면 피곤한가요?, 차분한가요? 아니면 좀 흥분되어 있나요?, 편안한가요? 아니면 긴장하고 있나요?"
2. 새끼손가락을 가리킨 채로 서로를 둘러보게 하면 같은 질문에 아이들마다 서로 다르게 답한다는 사실을 알 수 있다. 서로 생각이 다를 수 있다는 점을 예상한다. 모든 사람이 자신과 의견이 같지 않다는 사실을 알고 깨우침을 얻는 아이도 있다. 반대로, 대부분의 아이들과 의견이 달랐던 아이라도 일부 아이들이 자신과 같은 답을 했다는 것을 알면 기뻐하기도 한다.
3. 위, 아래, 옆으로 향하는 새끼손가락의 의미에 변화를 줌으로써 특정 손짓에 담긴 긍정적이고 부정적인 느낌을 줄이는 것도 좋다. 예를 들어, 처음 놀이에서 새끼손가락을 위로 향하는 것이 '가만히 앉아 있는 게 어렵다'는 의미였다면, 다음 놀이에서는 새끼손가락을 위로 향하는 것이 '가만히 앉아 있는 게 쉽다'는 의미로 바꾸어본다. 이렇게 하면 대답과 연관하여 '화는 나쁜 것이고, 감사는 좋은 거야' 같은 자동반사적 판단을 줄이는 데 도움이 된다. 또 아이들이 열린 마음으로 자기 내면과 외면 세계에서 일어나는 일을 관찰하는 분위기를 형성하는 데도 좋다.
4. 때로 고연령 아동과 십대들은 '새끼손가락으로 가리키기'라는 놀이 이름에 거부감을 표하기도 한다. 이 경우에는 '엄지손가락으로 가리키기'로 이름을 바꿔 엄지손가락을 위, 아래, 옆으로 가리켜 질문에 답하게 해도 좋다.

마음은 다면적이고 때로 서로 모순되는 생각과 느낌, 믿음으로 구성된 다발과 같다. 그런데 아이들은 자기 내면과 외면에서 일어나는 일을 파악하고 통제하려는 노력 때문에 자신의 경험을 지나치게 단순화시키는 경우가 많다. 아이들은(그리고 부모들도) 자기 내면세계의 다양한 측면에 흑과 백, 좋은 것과 나쁜 것, 오리와 토끼 등의 이름표를 붙여 몇 가지 범주로 축소시키는 경향이 있다. 뿐만 아니라 외면 세계에서 일어나는 일도 몇몇 특정 범주로 구획 짓는다. 그러나 우리의 삶은 이런 이분법적 사고로는 이해할 수 없을 만큼 훨씬 복잡하다. 삶의 경험을 몇 가지 범주로 깔끔하게 분류하기란 불가능하다. **보기**와 **새롭게 보기**라는 삶의 기술은 어린이와 십대들이 어떤 감정과 사건, 상황 앞에서 성급하게 결론으로 치닫지 않고 자동반사적 판단에서 한걸음 물러서는 능력을 키워준다. 대신에 아이들은 자신의 경험을 그 모든 경이로움과 복잡성 속에서 열린 마음으로 바라보는 법을 배운다.

F. 스콧 피츠제럴드는 잘 알려진 인용문에서 열린 마음에 대해 이야기한다. "최고의 지성을 알아보는 시험대는, 서로 상반되는 두 생각을 품은 채로 사고하고 판단하는 능력이다." 마음챙김과 명상은 아이들이 바로 이런 능력을 갖도록 돕는다. 명상을 통해, 서로 반대되는 것들도 실은 서로 의존하고 있다는 사실을 알게 되는 것이다. 나아가 아이들은 예컨대 음과 양, 구매자와 판매자, 교사와 학생, 부모와 자녀 등 두 가지를 동시에 마음에 품을 수 있다는 것을 이해하기에 이른다.

# 4장
# 감사하기 연습

무엇이든 너무 꽉 붙잡으면 스트레스가 된다. 이런 통찰은 고타마 싯다르타라는 이름을 가진 역사적 인물로서 왕자였던 붓다에게까지 거슬러 올라간다. 그는 기원전 400~600년경에 북부 인도에서 태어나 아버지의 바람과 달리 29세 되던 해에 안락한 왕족의 삶을 버리고 유행승遊行僧이 되었다. 꽤 오랜 시간을 유행한 뒤 붓다는 인도 보드가야의 보리수나무 아래 앉아 명상을 하기 시작했다. 깨달음을 얻기 전에는 결코 일어나지 않겠다고 결심했다. 그곳에서 붓다는 인간 실존에 관한 네 가지 통찰을 얻는다. 그것은 고통이 삶의 일부이고(삶의 '전부'가 아니라 '일부'이다), 고통에는 원인이 있으며, 고통을 끝낸 상태가 존재하며, 고통을 끝내는 방법이 있다는 – 이것이 붓다의 가르침의 핵심이다 – 것이다. 이후 2천5백 년에 걸쳐 과학자, 철학자, 시인들은 다양한 분야에서 네 가지 통찰이 삶의 진실임을 확인했다. 닥터 수스의 유명한 책 『오, 네가 갈 그곳들!Oh, the Places You'll Go!』에서 수스 박사는 붓다의 통찰을 운율에 맞춰 이렇게 노래한다. "이렇게 말해 미안하지만 그건 어쩔 수 없는 진실이야. 좋은 일도 나쁜 일도 네게 일어날 수 있다는 것 말이야." 다음에 이어지는 이야기는 우리가 무언가를 너무 꽉 붙들면 오히려 불필요한 고통을 일으킨다는 걸 보여준다.

> 사냥꾼이 원숭이를 잡으려고 대나무로 만든 새장 안에 바나나를 집어넣었다. 대나무 새장은 입구가 좁아 손을 넣을 수는 있지만 바나나를 움켜쥔 채로는 손을 뺄 수 없는 구조로 되어 있다. 원숭이 한 마리가 새장을 발견하고는 바나나를 먹기 위해 새장 안으로 손을 넣어 바나나를 움켜쥐었다. 일단 바나나를 손으로 움켜쥔 원숭이는 손을 펴지 않으려 했다. 원숭이는 결국 사냥꾼에게 잡히고 말았다. 이처럼 자유는 움켜쥔 자신의 손을 펴는 것만큼이나 가까운 데 있지만, 원숭이는 지금 바나나를 먹어야 한다는 생각에 움켜쥔 바나나를 놓지 못한다.

원숭이가 걸린 덫은 우리가 익히 아는 덫이다. 원숭이는 자신을 행복하게 해줄 거라 여겼던 것(바나나를 먹는 것)을 좇는 동시에 자신을 불행하게 만들 거라 여겼던 것(바나나를 잃는 것)을 피하고자 했다. 이 이야기가 주는 교훈은 손에 움켜쥔 바나나를 놓아야 한다는 것일까? 그럴 수도 있다. 하지만 반드시 그래야 하는 것은 아니다. 우리가 실제로 덫에 걸렸다면 바나나를 손에서 놓는 것이 최선의 방법일 것이다. 그러나 실제 우리 일상에서의 '바나나(비유적 의미)'와 우리가 겪는 고통 사이의 '원인-결과' 관계는 이 이야기가 보여주는 것보다 훨씬 미묘하다. 종종 고통에 대한 더 능숙한 대처법은 고통을 완전히 무시하는 것도, 고통을 이리저리 여러 각도에서 분석하는 것도 아니라, 그저 고통을 있는 그대로 놓아두는 것인지 모른다.

그러나 우리는 흔히 고통을 완전히 무시하거나 아니면 고통을 끝없이 되씹는 데 골몰한다. 이 경우 우리의 불편함과 괴로움은 더 커질 수 있다. 고통을 무시하거나 곱씹지 않고 다른 방식으로 고통과 관계 맺는다면 어떨까? 다시 말해 엄연하게 존재하는 고통이 마치 없는 척하거나 끝도 없이 고통을 되씹기보다, 고통을 있는 그대로 경험한다면 우리가 빠져 있는 고통의 패턴에서 빠져나올 수 있지 않을까. 이럴 때 우리 마음의 움직임은 평온해지고 우리 내면과 주변에서 일어나는 일을 더 명료하게 그리고 덜 자동반사적인 방식으로 볼 수 있게 된다. 그런데 이러한 방식을 이해하고 실행에 옮기는 데는 오랜 시간이 걸릴지도 모른다. 신체적, 감정적 고통과 관계 맺는 자기만의 방식이 습관화되어 있기 때문이다. 고통을 받아들이고 그대로 경험하는 경지에 이르기까지 큰 괴로움을 겪을 수도 있는데, 이는 명상을 오래 한 명상가도 마찬가지이다.

다행히도 고통은 우리에게 중요한 통찰을 선물한다. 에세이스트이자 소설가인 피코 아이어는 〈뉴욕타임스〉 오피니언 란에서 고통의 가치에 대해 이렇게 숙고했다.

> 어떤 전통에 속했든 모든 현자들은 고통이 명료함과 깨달음을 가져다준다고 말한다. 붓다는 고통을 삶의 첫 번째 규칙으로 보았다. 만약 고통의 일부가 우리 자신의 어리석음-즉 자아를 소중하게 여기는 것-에서 비롯한다면 그에 대한 치료법 역시 우리 내면

에 있을 것이라고 했다. 어떤 경우에 고통은 우리가 자신의 자아를 지나치게 소중히 보듬는 원인이다. 하지만 동시에 고통은 자아를 소중히 보듬은 결과가 되기도 하다. 나는 일본에서 선 수련을 닦은 90대의 노老화가를 만난 적이 있다. 그는 고통은 인간의 특권이라고 말했다. 고통은 우리가 삶의 본질적인 것에 대해 생각하도록 촉구하며, 근시안적 안락에서 빠져나오도록 우리를 통째로 뒤흔든다는 것이다. 그가 어렸을 때 사람들은 고통을 겪으면 그 대가를 지불해야 한다고 말하고는 했는데, 알고 보니 고통은 숨겨진 축복이나 마찬가지였다.

만약 아이들(과 부모들)이 고통이 선사하는 기회를 충분히 활용해 자기 내면과 주변에서 일어나는 일을 명료하게 자각할 수 있다면 어떨까. 그럴 때 고통은 오히려 눈에 보이지 않는 축복일 수 있다. 건강과 웰빙이 부서지기 쉬운 일시적인 것임을 알아볼 때, 우리는 '모든 것은 변화한다'는 주제가 우리의 일상생활에서 그대로 드러나고 있음을 본다. 우리의 행복이 복잡하고 변화하는 성질을 가졌다는 점을 인정할 때, 그리고 다른 사람의 행복을 떠나 존재할 수 없다는 점을 인정할 때 우리는 상호 의존성이라는 또 하나의 주제를 인정하게 된다. 우리가 가진 생각과 느낌 역시 복잡하고 상호 연결되어 있으며 늘 변화한다는 사실을 떠올릴 때 우리는 앞의 두 가지 주제를 인정하는 동시에 열린 마음이라는 또 하나의 주제를 배우게 된다. 그리고 착한 사람에게도 나쁜 일이 일어날 수 있다는 사실을 받아들일 때 우리는 마음챙김이 주는 첫 번째 통찰, 즉 고통이 삶의 일부라는 사실을 알아볼 수 있다. 고통 뒤에 따라오는 이런 반성을 통해, 우리는 우리에게 일어나는 일을 더 명료하게 볼 수 있으며, 사소한 걱정거리를 지나치게 심각하게 받아들이지 않게 된다.

피코 아이어는 우리가 자신의 자아를 지나치게 소중하게 품어 안는 것이 고통의 원인이자 결과라는 점을 지적하고 있다. 삶이 문제없이 흘러갈 때는 자기중심적 생각에 빠지기 쉽다. 반면, 삶이 힘겨워지면 우리는 상호 의존성, 모든 것의 변화하는 속성, 명료함, 받아들임, 열린 마음에 대해 생각해보게 된다. 이때 우리는 고통에서 한 발 떨어져 우리가 겪고 있는 고통을 만들어낸 원인과 고통의 결과라는, 더 큰 그림을 보게 된다(다시 말해 원인과 결과라는 주제를 인식하게 된다). 이렇게 우리가 끼고 보는 렌즈가 확대되면 우리의 자기중심적 생각은 보다 근본적인 문제에 비해 사소한 것이 되며, 상대적으로 적은 중요성을 갖게 된다.

우리가 겪고 있는 고통을 그래도 견딜 만하게 만들어주는 사람, 장소, 물건들을 인식할 때, 우리는 고통의 이면에 존재하는 성질을 깨달을 수 있다. 그렇게 되면 설사 우리가 고통 속에 있어도 다른 사람을 감사와 친절의 마음으로 대하는 일이 조금은 수월해진다. 그리고 감사와 친절은, 지혜롭고 자비로운 세계관에 녹아 있는 또 다른 두 가지 주제이다.

물론 아이들이 자신의 사고방식을 넓히려는 목적으로 일부러 고통을 겪어야 하는 것은 아니다. 다음 놀이는 "과일을 먹을 땐 과일나무를 심은 농부를 생각하라."는 베트남의 속담으로 요약되는 단순한 태도를 활용하는 놀이이다. '농부에게 감사를'이라는 이름의 이 놀이는 저연령 아동들에게 상호 의존성이라는 주제에 대한 자각을 높여주는 동시에, 이 장에서 아이들이 생각해보게 될 또 다른 두 가지 주제, 즉 친절과 감사의 마음을 닦는 기회도 된다. 고연령 아동과 십대들은 '농부에게 감사를' 놀이를 하기에 나이가 많다고 생각할 수 있지만, 이들 역시 놀이의 바탕을 이루는 베트남 속담에 대해 생각해본다면 도움을 받을 수 있다.

이제, 아이들이 컵에 담은 건포도 몇 개를 편안하게 먹을 수 있는 적당한 장소를 마련하라.

놀이 12

## 농부에게 감사를

건포도 한 알을 먹기 전에 건포도가 포도 넝쿨에서 식탁에 올라오기까지의 여정이 가능하도록 한 환경과 장소, 사람과 사물에 감사의 마음을 전한다.

**삶의 기술** : 보기, 새롭게 보기 **대상 연령** : 저연령 아동

### 놀이 진행 방법

1. 건포도 한 알을 손으로 집어보세요. 입에 넣기 전에 건포도가 어떤 과정을 거쳐 포도 넝쿨에서 지금 우리 손에 들어왔는지 생각해볼까요.
   - 땅을 비옥하게 해준 벌레들이 있었을 거예요. 마음속으로 '고마워, 벌레들아!' 해보세요.
   - 포도 넝쿨을 키워준 햇볕과 비도 있어요. 마음속으로 '고마워, 자연!' 해보세요.
   - 포도 넝쿨을 가꾸고 포도 열매를 수확한 농부들도 떠올려보세요. 마음속으로 '고맙습니다, 농부님들!' 해보세요.
   - 수확한 건포도 열매를 말린 다음, 상자에 가득 담은 일꾼들도 생각해보세요. 마음속으로 '감사합니다, 일꾼님들!' 해보세요.
   - 이제 상자에 담은 건포도를 가게까지 운반해준 트럭 기사님들도 떠올려 보세요. 마음속으로 '고맙습니다, 기사님들!' 해보세요.
   - 가게에서 건포도를 산 다음 여러분에게 가져다준 사람도 생각해봐요. (아이들이 선생님에게 고마움을 전한다.)
2. 뭘요! 자 이제, 건포도를 먹어봅시다. 건포도 한 알을 입에 넣은 다음, 아직 씹지는 말고 어떤 느낌이 드는지 가만히 관찰해보세요. 그런 다음 잠시 동안 건포도를 씹어보세요. 마지막으로 이제 건포도를 삼키세요. 각 단계에서 어떤 느낌이 드는지 가만히 주의를 기울여 봅니다.
3. **지도 포인트** : 이전에도 이런 방식으로 음식에 대해 생각해본 적이 있는가? 건포도에 대해 이전과 어떻게 다른 방식으로 생각하게 되었는가?

인간은 흔히 자기가 가진 것에 감사하기보다 갖지 못한 것을 아쉬워하는 성향이 있다. 부모들은 어떤 때는 더 많은(더 좋은 직장, 더 긴 휴가, 더 많은 은행 잔고 등) 것을 원하고, 어떤 때는 더 적은(카드 청구서 금액이 적게 나오기를, 저울에 섰을 때 몸무게가 적게 나오기)를 원한다. 그리고 부모들은 자녀와 가족에게 자신이 주는 것보다 더 많은 것을 원한다. 이 모든 사례에서 우리는 가진 것보다 갖지 못한 것에 초점을 맞추고 있음을 알 수 있다. 과학자들은 우리가 이런 부정적 편향에 빠지게 된 이유를 진화의 과정으로 설명한다. 즉, 우리의 뇌는 좋은 소식보다 나쁜 소식에 더 민감하게 반응하도록 만들어져 있다는 것이다. 뇌의 관점에서 볼 때, 나쁜 소식은 위험이 다가왔다는 신호이며, 인간의 뇌는 자신의 생존을 다른 어떤 것보다 우선시하도록 진화해왔다. 그러나 우리가 이미 갖고 있는 것을 떠올리고 그에 감사하는 마음을 가짐으로써 이런 부정적 편향을 긍정적으로 변화시킬 수 있다.

다음 놀이의 준비를 위해, 공작용 판지를 세로로 길게 잘라 장식 도구와 함께 바구니에 넣어둔다.

## 놀이 13 감사 목걸이

감사의 쪽지를 써봄으로써 우리가 이미 갖고 있는 것들을 떠올리고, 단순한 친절의 행위가 주는 긍정적 효과를 인식한다.

**삶의 기술** : 보기, 새롭게 보기 **대상 연령** : 저연령 아동

#### 놀이 진행 방법

1. **지도 포인트** : 사람들이 어떤 방식으로 당신에게 도움을 주었는가? '고마움' 또는 '감사'란 과연 무엇인가?
2. 감사 목걸이를 함께 만들어볼 거예요. 먼저 자기가 평소 고맙게 느끼는 것들을 길쭉하게 자른 종이조각에 써보세요. 다 적고 나서 종이조각들을 예쁘게 꾸민 다음 목걸이 모양으로 연결해 보아요.
3. **지도 포인트** : 무언가에 대해, 또는 누군가에게 감사할 때 어떤 느낌이 드는가? 우리 모두는 어떤 방식으로 서로 연결되어 있을까? 공동체란 무엇인가?
   (목걸이가 완성되면 의미 있는 장소에 걸어두게 하거나 다른 사람에게 선물로 주도록 한다.)

#### 지도 방법

1. 감사 놀이는 아이들이 자기가 아는 사람이나 알지 못하는 사람과 미처 생각하지 못한 방식으로 연결되어 있다는 사실을 떠올리게 함으로써 상호 의존성이라는 주제를 부각시킨다. 예를 들어, 식탁 위에 식사가 올라오기까지 얼마나 많은 사람이 도움을 주었는지(농부, 식료품점 주인, 요리사 등), 또 아이들이 좋아하는 텔레비전 쇼나 영화를 만들기 위해 얼마나 많은 사람들(작가, 제작자, 배우, 감독 등)이 노력했는지를 함께 떠올려본다.

어린이와 청소년들이 감사의 마음을 수련하는 중에 간혹 고통스러운 생각이나 감정이 올라오는 때가 있다. 아이들은 부모가 감사한 기억을 떠올려보라고 하면 이를 잘못 해석해서, 지금 자신이 겪고 있는 힘겨움을 부모가 무시하고 있다고 오해할 수도 있다. 고통스러운 감정이 올라올 때는 아이가 그 느낌을 얼버무리거나 못 본 척하지 않고, 보다 넓은 시각으로 보게 해주어야 한다. 힘든 감정, 상처받은 느낌을 그대로 인정하고, 자신의 삶에 좋은 일도 있다는 점을 떠올리도록 하는 것이다. 이렇게 하면 아이들은 자기가 탐구하고 있는 '열린 마음'이라는 주제를 더 자연스러운 방식으로, 더 온전히 체험할 수 있다.

'좋은 것 세 가지'라는 다음 놀이는 아이가 화가 났을 때 또는 보다 넓은 관점이 필요할 때 전체적인 시각으로 바라보는 훈련을 하는 기회가 된다.

놀이 14

## 좋은 것 세 가지

**실망스러운 일이 닥쳤더라도 그 느낌을 인정한 다음, 자신의 삶에서 좋은 것 세 가지를 떠올려본다.**

**삶의 기술** : 보기, 새롭게 보기 **대상 연령** : 모든 연령

### 토론 진행 방식

1. 어떤 일이나 사람 때문에 실망한 적이 있나요?
   (아이들의 이야기를 들어준다.)
2. 그때 어떤 느낌이 들었나요?
   (아이들이 느꼈던 느낌을 수용해주고, 가능하면 그에 관해 이야기 나눈다.)
3. 그렇지만 선생님이 장담하건대, 여러분이 실망했을 때에도 여러분의 삶에는 분명 좋은 일도 있었을 거예요. 좋은 것 세 가지를 함께 떠올려볼까요.

### 지도 방법

1. 이 놀이의 핵심은 화가 났는데도 화나지 않은 척 하는 것이 아님을 아이들에게 떠올려주라. 우리를 힘겹게 하는 일 때문에 슬픔과 상처, 실망감을 느

끼더라도 삶의 좋은 일에 감사할 수 있음을 기억하도록 이끄는 것이다.

2. 어린이와 청소년들이 좋은 것 세 가지를 스스로 떠올리지 못하는 경우에는 브레인스토밍을 통해 떠올리게 해주라. 아이들이 스스럼없이 말을 꺼내도록 하려면 어떤 이야기든 절대 평가해서는 안 된다.
3. 아이들은 이 놀이의 취지가 자신이 느끼는 감정을 마치 없는 듯이 묻어두는 것이 아님을 이해해야 한다. 그럴 때 '좋은 것 세 가지'라는 구절은, 가족 간에 일어나게 마련인 사소한 갈등에 가볍고 유쾌한 방식으로 대응하는 한 가지 방법이 된다. 예를 들어 아이가 사과주스가 가득 담긴 컵을 식탁보에 엎었을 때 부모는 이렇게 말할 수 있다. "이런, 얼마나 당황스럽니? 엄마가 식탁을 닦는 동안 '좋은 것 세 가지'를 말해볼까?"
4. 또 반대로, 부모가 사소한 실망이나 짜증스러운 일로 기분이 침체되어 있을 때 아이들이 부모에게 '좋은 것 세 가지'를 떠올리도록 자극을 주도록 요청할 수도 있다.
5. '좋은 것 세 가지' 놀이를 저녁식사 테이블에서, 잠들기 전에, 그리고 가족이 함께 있는 자리에서(누구도 화가 나지 않은 상태에서) 자주 해보면 감사의 습관을 기르는 데 좋다.

다음은 '그래도 괜찮아'라는 놀이이다. 이 놀이는 아이들이 자신에게 닥친 힘든 일을 받아들이도록 한다. 다시 말해, 자기 삶에 존재하는 긍정적인 부분을 인식함으로써 자신에게 닥친 도전을 더 넓은 관점으로 보는 연습이다. 나는 농담 삼아 이 놀이를 '우는 소리 하기' 놀이라고 부른다.

아이들이 동그랗게 원을 그려 앉은 상태에서 공 하나를 다음 사람에게 넘겨준다. 아니면 두 사람이 짝을 지어 서로 공을 주고받는다. 이때 공을 가진 사람이 현재 자신의 신경을 건드리는 일을 이야기한다. 그런 뒤 다음 사람에게 공을 넘겨주며 이렇게 말한다. "…그래도 괜찮아." 이 놀이는 스피릿록 명상센터의 창립자인 제임스 바라즈가 89세의 노모에게 가르친 감사 수련에 영감을 받아 만들었다. 그리고 '그래도 괜찮아'라는 이 놀이의 이름은 선구적 명상 지도자인 조셉 골드스타인이 지었다.

### 놀이 15 그래도 괜찮아

**둥그렇게 둘러앉거나 두 사람이 짝을 지어 앉아, 차례대로(두 사람인 경우엔 서로에게) 공을 넘겨주면서 지금 자신을 불편하게 하는 일, 기분을 안 좋게 하는 일에 대해 이야기한다. 동시에, 자기 삶의 좋은 면을 떠올리면서 끝에 이런 말을 덧붙인다. "…그래도 괜찮아."**

**삶의 기술** : 보기, 새롭게 보기 **대상 연령** : 모든 연령

#### 놀이 진행 방식

1. 지금부터 죽 돌아가며 공을 차례차례 넘길 거예요. 공을 받은 사람은 지금 자기를 불편하게 하는 일에 대해 이야기하면 됩니다. 말이 끝나면 다음, 옆 사람에게 공을 넘겨주면서 이렇게 말하는 거예요. "…그래도 괜찮아."
2. 선생님이 먼저 해볼게요. "선생님은 오늘 목걸이를 잃어버렸어요."
   (다음 사람에게 공을 넘기며 이렇게 말한다. "…그래도 괜찮아.")
3. 자, 이제 여러분도 다음 사람에게 공을 넘기면서 이야기해 보세요.
   (아이들이 공을 넘기는 속도가 너무 빠르거나 느리지 않도록 적절한 속도와 분위기를 유지해준다.)

처음에는 이런 감사의 연습이 단지 머리로만 하는 훈련으로 느껴질 수 있다. 그러나 가족의 일상에 별다른 문제가 없는 평소에 감사의 마음을 많이 연습할수록, 삶에 위기가 오고 힘들어졌을 때 감사하기가 더 수월해진다. 이런 변화가 일어나면 감사는 가족의 세계관에서 빼놓을 수 없는 일부가 되고, 감사의 연습이 더 이상 머리로만 하는 훈련으로 여겨지지 않는다.

# 5장
## 지금 이 순간을 알아차림

내가 처음 집중수행에 참가한 이래, 마음챙김과 명상은 사회의 비주류 문화에서 타임지 표지에 등장할 정도로 주류 문화로 부상했다. 전국 네트워크 뉴스 앵커로서 주류 문화의 정점에 있으며『10% 행복 플러스10% Happier』를 쓰기도 한 댄 해리스에 따르면 마음챙김과 명상이 사이비로 오해받는 일이 흔하게 일어난다고 한다. 각종 블로그와 인기 있는 글에서 마음챙김과 명상을 지나치게 과장해서 선전하고 홍보하며 단순화시키고 있다는 것이다. 그 결과 마음챙김과 명상에 모호하고 부정확한 의미가 덧붙여졌다. '마음챙김'과 '명상'이라는 말은 서로 혼용되고 있으며, 사용하는 사람이 자의적으로 의미를 덧붙이는 나머지, 혼란이 가중되고 있다. 이는 매우 중요한 문제이므로 여기서 한 번 짚고 넘어가겠다.

'명상'이라는 말은 명상 전통에 따라 서로 다르게 정의 내린다. 프랑스의 작가이자 티베트 승려인 마티유 리카르는 자신의 저서『행복Happiness』에서 티베트어로 '명상'에 해당하는 단어는 '익숙해지기

familiarization'라는 의미라고 밝히고 있다. 즉 '세상을 바라보는 새로운 시각, 자신의 생각을 다스리고 사람을 이해하며 세계를 경험하는 새로운 방식에 익숙해진다'는 의미이다. 마찬가지로, 나는 '명상'이라는 용어를, 안정되고 유연한 주의력을 기르기 위해 마음에 직접 작업을 행함으로써 자신의 마음에 익숙해지는 방법이라고 본다. 다시 말해 나는 '명상'이라는 말을 '자신의 내면과 외면에서 일어나는 일을 탐구하고, 타인과 세상, 자신에 대한 통찰을 키우며, 우리가 이 책에서 탐구하고 있는 주제들처럼 긍정적인 마음의 성질을 강화시키는 방법'으로 정의한다.

'마음챙김'이라는 단어는 고대어인 산스크리트어와 빨리어에서 유래했으며 그 의미는 '기억하기'이다. 즉 특정 대상에 주의를 기울이는 것을 잊지 않는 것을 말한다. 이처럼 특정 대상에 마음을 둔 채로 주의가 산만해지지 않는 것이 바로 마음챙김 주의mindful attention의 기능이다. 고전 문헌에는 '마음챙김'이라는 단어가 '알아차림awareness' 또는 '앎knowing'이라는 단어와 함께 사용되고 있다. 이 맥락에서 볼 때 '앎' 혹은 '알아차림'이란 지금 자신의 마음에서 일어나는 일을 관찰하는 능력을 가리킨다. 마음챙김을 하고 있으면 내 마음의 과정(보고, 듣고, 냄새 맡고, 맛보고, 생각하고 직관하는 대상)을 더 잘 알아차릴 수 있다. 또 이렇게 알아차림을 하면 나의 현재 마음 상태(불안하고 무기력한지, 깨어 있는지 산만한지 등)를 더 잘 관찰할 수 있다.

명상과 마음챙김을 수련함으로써 어린이와 청소년들은 여러 활동 사이에서 주의를 전환시키는 안정적이고 유연한 주의력을 키울 수 있다. 어린이와 청소년들은, 예컨대 숙제에서 휴대전화 소리로,

또 그 반대로 주의를 이동하는 법을 배운다. 또 자신의 생각에서 신체 감각으로 또는 특정 과제로 주의를 이동하는 법을 배운다. 마음챙김 주의는 그 자체로 특정 활동을 다른 활동보다 우선시하지 않는다. 하지만 마음챙김 주의는 어린이와 십대들에게 자신의 주의가 지금 어디에 가 있는지, 주의의 질은 어떠한지 등 발달상으로 적절한 정도의 알아차림 훈련을 요구한다. 아이들이 마음챙김을 하면 자신의 마음이 지금 무엇을 하고 있으며, 현재 자신의 마음 상태는 어떠한지 관찰할 수 있다.

2015년 위스콘신-매디슨 대학의 '건강한 마음을 위한 센터'에서 발간한 논문에서 코틀랜드 달과 그의 동료들은 '상위 알아차림 meta-awareness' 또는 '상위 자각력'이라는 용어가 위에 말한 관찰의 과정을 가리키는 용어로 과학 문헌에서 사용되고 있다고 설명한다. 그들은 논문에서 "상위 자각력이 없으면 자신이 지금 어디에 주의를 기울이는지는 알아도 자신의 생각, 느낌, 인지의 과정을 자각하지 못한다."고 말한다.

예를 들면, 십대 청소년이 피곤한 눈으로 디지털 기기에 푹 빠져 있다고 하자. 이때 아이는 자신이 무엇을 보고 있는지는 알아도, 자신이 무엇을 하는지 관찰하지는 못하는 상태에 있다. 즉, 아이는 지금 상위 자각력이 없는 상태이며, 마음챙김의 관점에서 볼 때 아이는 지금 길을 잃고 헤매고 있다. 그런데 아이들에게 마음챙김을 가르칠 때, 내 마음이 지금 무엇을 하고 있는지, 그리고 나의 마음 상태가 어떠한지 관찰하는 상위 자각력은 보통 아이들의 정신 발달 수준을 넘어선 능력이다. 펜실베이니아 주립대학의 '인간 건강 증진을 위한 예방연구센터'의 설립 이사이자 선구적 사회정서학습 커리큘럼인 PATHS를 만든 마크 그린버그 박사에 따르면, 아이들은 발달상 아직 상위 자각력을 이해하거나 연습할 준비가 되지 않았다. "정확히 언제 상위 자각력이 발달하는가는 아이들마다 다르지만 적어도 초등학교 4학년 이전에는 발달하지 않는 것으로 보인다." 그러나 아직 상위 자각력이 발달하지 않은 아이라도 집중된 주의, 자기 조절, 친절의 마음을 발달시키는 마음챙김 놀이를 통해 명상의 효과를 볼 수 있다.

자기 내면과 외면의 변화는 마음챙김과 명상의 궁극 목표이다. 아이들이 좋은 방향으로 자기 마음을 변화시킨다면 더 큰 지혜와 자비의 마음으로 말하고 행동하고 사람들과 관계 맺을 수 있다. 이런 변화는 가족생활에서 다음과 같은 모습으로 나타난다. 즉, 마음챙김과 명상을 수련하면 아이들은 **주의력**attention, **균형**balance, **자비**compassion를 키우는 통찰과 삶의 기술을 얻을 수 있다. 나는 이 세 가지를 **ABC**라고 부른다. 이 세 가지는 언제나 순차적으로 발달하지 않지만, 이 세 가지가 순차적으로 발달한다고 보는 것이 도움이 될 수 있다. 즉, 주의력은 감정의 균형으로 이어지고, 감정의 균형은 자비에서 최고조에 이른다. 이 세 가지를 발달시키는 일은 처음엔 대수롭지 않아 보이지만, 충분히 의미 있는 일이며 시간이 지나면서 더 튼튼하게 발달할 수 있다. 안정되고 유연한 주의력은 아이들의 **집중하는**Focus 능력과 **스스로를 고요하게 하는**Quiet 능력을 키워준다. 그리고 감정의 균형은 명료하게 **보고**See **새롭게 보는**Reframe 능력을 키워준다. 또 자비의 마음으로 말하고 행동하고 다른 사람과 – 그리고 자신과 – 관계 맺는 능력은 **돌보고**Care **연결하는**Connect 능력을 발달시킨다.

아마도 변화의 최대 걸림돌은 아이들이 자신의 마음을 분명하게 그리고 직접적으로 보지 못한다는 데 있을 것이다. 이런 이유로, 우리는 집중력을 키우는 데서부터 변화에 이르는 있어야 하는 도구이다. 어린이와 십대들이 주의를 조절하는 능력을 가지면 자기가 처한 상황이 혼란스럽더라도 스스로를 안정시킬 수 있다. 안정되고 유연한 주의를 가지면 마음속의 잡음이 제거되는데, 이는 결코 사소한 성취가 아니다. 머릿속이 깨끗해지면 아이들은 지금 이 순간의 상황을 일어나게 한, 변화하고 복잡하며 때로 모순되는 원인과 조건의 그물망을 볼 수 있다. 이것은 단순한 과정이지만 언제나 쉬운 것은 아니다. 특히 감정이 격해졌을 때는 더욱 그렇다. 이 과정을 통해 고연령 아동과 십대들은 명상가들이 오랫동안 가르쳤던 사실에 대해 통찰을 얻을 수 있다. 그것은, 자신의 삶을 지혜와 자비의 마음으로 바라보면 자신이 소중히 여기는 가치나 도덕을 새롭게 발견할 수도 있다는 사실이다.

발달상 아직 상위 자각력에 필요한 인지 조절력을 연습할 준비가 되지 않은(즉, 자신의 마음이 무엇을 하고 있는지, 자신의 현재 마음 상태가 어떠한지 실시간으로 관찰하지 못하는) 저연령 아동들이라도 종종 마음챙김과 유사한 내면의 성질을 체현해 보이는 경우가 있다. 아이들이 경이로움과 활기로 지금 이 순간에 온전히 몰입하는 때가 그런 경우다. 예를 들어 아이들은 정원에 날아다니는 나비 한 마리, 연못에 노니는 거위 한 마리에도 행복해한다. 그러나 슬프게도 아이들은 일상생활의 스트레스와 긴장 때문에, 부모가 되기도 훨씬 전에 자연과의 활기찬 교감 능력을 잃어버리고 만다. 스트레스로 가득한 생활 속에서 부모들이 세상을 보는 방식과, 아이들이 현재 순간과 접속할 때 경험하는 기쁨에 찬 경이로움의 차이를 잘 보여주는 책이 있다. 그림책인 앙트아네트 포티스의 『엄마, 잠깐만!Wait』이라는 그림책은 기차를 놓치지 않으려고 서두르는 어느 엄마와 아들에 관한 내용이다. 엄마가 너무 서두르는 나머지 평범하지만 특별한 경험을 계속 놓치는 동안에도 아들은 거기에서 기쁨을 찾는다. 아들은 닥스훈트(몸통과 귀가 길고 다리가 짧은 작은 개)와 교감하고, 공사장에서 일하는 아저씨들에게 손을 흔들며, 나비가 내려앉도록 자기 손가락을 내밀고, 떨어지는 빗방울을 혀로 맛본다. 기차역에 도착하자 멋진 무지개가 눈에 들어와 엄마와 아들은 승차장에 멈춰 선다. 결국 기차는 두 사람을 태우지 않은 채 떠나버리고 엄마와 아들은 플랫폼에 서서 쌍무지개를 바라본다. 그렇다고 현재 순간이 지닌 아름다움이 드러나기 위해 반드시 쌍무지개를 보아야 하는 것은 아니다. 현재 순간의 아름다움은 퇴비더미에도, 빨래 바구니에도, 아직 닦지 않은 접시에도, 난로 위에 끓고 있는 저녁 식사에도 있다. 버스정류장에서 길게 줄을 서 있는 동안에도, 부모와 자녀가 외출 준비를 하는 동안에도 알아차림으로 기다린다면 지금-여기에 존재하는 기쁨과 행복을 발견할 수 있다.

## 놀이 16 마음챙김으로 기다리기

**기다리는 동안, 집중할 만한 대상을 하나 주변에서 선택한다(화분에 심은 식물, 커피포트, 지평선 등). 대상을 지긋이 응시한 채로 편안하게 몸과 마음을 이완시켜 자기 내면과 주변에서 일어나는 현상을 관찰한다.**

**삶의 기술** : 집중하기, 돌보기  **대상 연령** : 모든 연령

### 놀이 진행 순서

1. 몸에 힘을 빼고 편안하게 자리에 앉아 자신의 호흡을 느껴봅니다.
2. 바라보았을 때 즐거운 느낌을 주는 대상을 주변에서 하나 선택합니다. 그런 다음, 그 대상을 지긋이 응시해봅니다. 눈을 부드럽게 한 채로 대상에 가볍게 집중합니다.
3. 주변에서 일어나는 어떠한 변화라도 관찰해봅니다.
   (색깔, 소리, 빛의 변화 등)
4. 어떤 때는 생각이 일어나고, 어떤 때는 생각이 일어나지 않을 거예요. 생각이 일어나면 그냥 내버려 두세요. 지나치게 집중하지 않으면 생각은 잠시 머물다 저절로 사라질 거예요.
5. 만약 이곳저곳으로 생각이 흩어진다면 지금 여러분의 마음이 어디에 가 있는지 알도록 해보세요. 찾았나요? 축하합니다. 이게 바로 '깨어있는 알아차림mindful awareness'이라고 하는 것입니다. 마음이 어디에 가 있는지 알았다면 다시 부드럽게 처음 대상으로 돌아와 지긋이 응시합니다. 또다시 생각이 흩어져도, 다시 처음 대상으로 돌아오면 됩니다.
6. **지도 포인트** : 무엇을 보았나? 자기가 본 것에 놀랐는가? 주변이 조금 전과 그대로였는가? 아니면 변화가 있었는가? 처음엔 어떻게 느꼈고 나중에는 어떻게 느꼈는가? 시간은 빨리 흘렀는가, 더디게 갔는가?

**지도 방법**

1. 어린 아이들과 이 놀이를 할 때, 아이들이 선택한 대상이 무엇인지, 다음 단계로 넘어가기 전에 선생님에게 말해주도록 요청한다.
2. 이 놀이는 멈춰 있는 차 안에서, 약속 장소에서, 물건을 사느라 줄을 서 있는 동안 가족이 함께 하기에 좋은 놀이이다.
3. '마음챙김으로 기다리기' 놀이는 아이들이 지나치게 흥분하거나 화가 났을 때 마음을 진정시키는 데 도움이 된다.

현재 순간에 최고의 가치를 두는 마음챙김 놀이를 통해 부모들은 자녀들 세계의 지금-여기로 돌아올 수 있다. 마음챙김 놀이를 통해 지금 이 순간에 집중하면 언뜻 평범해 보이는 대상이라도 기쁨을 가져다주는 특별한 사건이 될 수 있음을 알게 된다.

베트남의 승려이자 시인, 평화운동가로서 아이들, 가족들과 마음챙김을 함께하는 틱낫한 스님은 〈마음챙김Mindful〉이라는 잡지에서 이렇게 말한다.

> 커다랗고 꽉 찬 해가 떠오르는 것을 바라볼 때, 만약 당신이 더 깨어있고 **집중해** 있다면 일출의 아름다움을 더 잘 볼 수 있을 것입니다. 당신이 매우 향기롭고 질 좋은 차 한 잔을 대접받았더라도 당신의 마음이 산만하다면 당신은 차를 제대로 음미할 수 없습니다. 차의 향기와 경이로움이 당신에게 온전히 가 닿도록 하려면 당신이 차에 대해 마음을 챙기고 집중해 있어야 합니다. 이것이 마음챙김과 집중을 행복의 원천이라고 하는 이유입니다. 또 훌륭한 수행자는 하루 중 언제라도 기쁨의 순간, 행복의 느낌을 창조할 줄 아는 이유도 이것입니다.

마음챙김은 집중력(즉 **집중하기**)을 계발한다. 틱낫한 스님이, 모든 순간에 깃든 행복과 기쁨을 발견하는 전제조건이 바로 마음챙김과 집중이라고 말한 것은 우연이 아니다. 미국의 유명한 명상 지도자이자 스피릿록 명상센터의 공동 설립자인 잭 콘필드 박사는 자신의 책 『지혜로운 가슴The Wise Heart』에서 집중과 행복과 기쁨의 연관성을 이렇게 묘사한다. "평화로운 가슴은 사랑을 낳고 …… 사랑이 행복과 만나면 기쁨이 된다."

다음 놀이를 하려면 음식을 먹기에 적합한 장소를 마련하는 것이 좋다. 한 번에 하나씩 먹을 수 있는 간단한 음식을 선택한 다음(포도, 블루베리, 건포도 등), 몇 알을 컵 안에 넣어두라. 아이들을 위한 특별 대접으로 은박지로 포장된 초콜릿을 넣어두어도 좋다. 입안에서 다 녹을 때까지 아이들이 초콜릿을 입에 머금고 있게 한 다음, 아이들에게 보고 듣고 맛보고 냄새 맡고 몸에 닿는, 다섯 가지 감각에 주의를 기울이도록 요청한다. 눈으로 초콜릿을 보고, 은박지를 벗길 때 나는 소리를 귀로 듣도록 한다. 초콜릿의 맛을 보고, 냄새를 맡으며, 입 속에서 초콜릿을 느끼도록 한다.

## 놀이 17 한 번에 한 입씩

**천천히 한 번에 한 입씩만 먹는 연습을 통해 편안한 마음으로 현재 순간을 즐기고 음미해본다.**

**삶의 기술** : 집중하기, 돌보기 **대상 연령** : 모든 연령

### 놀이 진행 순서

1. 이제 음식을 집어서 모양이 어떤지, 손에 집었을 때 어떤 느낌인지, 냄새는 어떤지 관찰해봅니다. 이 음식을 먹기 전에 잠시 내 앞에 들고 있어봅니다. 그리고 이때 어떤 생각과 느낌이 드는지 관찰합니다.
2. 다음 천천히 음식을 입에 넣습니다. 아직 씹지는 말고, 혀에서 어떤 느낌이 있는지 관찰해봅니다. 입에서 침이 흘러나오나요?
3. 이제, 천천히 씹어봅니다. 그런 다음 삼키세요. 각각의 과정에서 어떤 느낌이 드는지 가만히 주의를 기울입니다.
4. **지도 포인트** : 음식을 입에 넣은 채 아직 씹지 않고 있는 동안 어떤 경험을 했는가? 음식을 씹는 동안에 입에서 어떤 느낌이 있었나? 음식을 삼킬 때 목구멍에서 어떤 느낌이 있었나? 이때 생각이나 감정이 일어나는 것을 관찰했는가?

### 지도 방법

1. "슬로모션으로 먹기" 등의 표현은 이 활동을 아이들에게 설명할 때 적절한 표현이다.
2. 이 활동을 통해 경험한 느낌 중에 놀라운 것이 있었는지 아이들에게 물어본다.(아이들은 흔히 침이 나오고, 배에서 꾸르륵 소리가 나며, 기분이 흥분되는 걸 관찰한다.)
3. 아이들이 아무 생각 없이 먹는 게 아니라 더 큰 알아차림을 가지고 먹도록, 음식을 먹기 전과 후에 느낌이 어떻게 달라지는지 관찰하도록 요청한다. 몇 가지 지도 포인트는 다음과 같다. 얼마나 배가 고픈가? 얼마나 배가 부른가? 배고픈 느낌과 배부른 느낌은 어떻게 다른가? 배가 부른데도 먹은 적이 있는가? 배가 고플 때면 언제나 음식을 먹었는가?

많은 부모들이 『엄마, 잠깐만!』에 등장하는 엄마의 심정에 십분 공감한다. 기차에 늦지 않으려고 서두르는 나머지, 아들이 현재 순간에 누리는 재미를 완전히 놓치고 마는 그 엄마 말이다. 우리 모두

이 점에서 크게 다르지 않다. 하버드 대학의 매트 킬링스워스, 대니얼 길버트 박사의 연구팀은 앱을 사용해 하루 중 무작위 시간에 사람들에게 그 순간에 무엇을 생각하고 어떻게 느끼는지 질문했다. 그 결과, 주의가 집중되었을 때, 하던 일에서 마음이 벗어나는 경우가 주의가 산만할 때의 절반에 불과했으며 더 행복하게 느낀다고 대답했다. 현재에 집중할 때 더 행복하다는 사실은 별로 놀랍지 않다. 그러나 집중하는 대상이 설령 불쾌한 생각이라 해도, 집중하지 않을 때보다는 더 행복하다는 사실은 매우 놀랍고 의미 있는 결과이다.

UCLA의 명예교수이자 이 대학의 '깨어있는 알아차림 연구센터Mindful Awareness Research Center'의 공동 설립자인 수잔 스몰리 박사는 연구에서 사람들의 마음이 집중하지 않고 방황하는 경우, 즐거운 생각으로 흘러가는 것은 전체의 3분의 1에 불과하다는 점을 지적한다. 다시 말해 사람들의 마음이 방황하는 경우 3분의 2가 불쾌한 생각이나 중립적인 생각으로 향한다는 것이다. 이 점을 감안하면 현재 순간에 집중하는 것이 마음의 방황을 줄여준다는 점은 당연함을 알 수 있다.

그렇다고 해서 마음이 방황하면 언제나 불행으로 이어진다는 의미는 아니다. 마음이 방황하는 것을 몽상 또는 백일몽(daydreaming, 현실적으로 만족시킬 수 없는 욕구나 소원을 공상이나 상상의 세계에서 얻으려는 심리적 도피기제)이라고 하는데, 몽상은 비판적 사고와 문제 해결력을 키우는 데 중요한 역할을 한다. 몽상을 통해 아동과 십대들은 다양한 선택과 그로 인한 결과가 자신의 느낌에 어떤 영향을 주는지 떠올린다. 또 이로써 자기에 대한 자각력을 키운다. 또 몽상을 통해 여러 선택과 그에 따른 결과가 다른 사람들의 느낌에 영향을 준다는 사실을 떠올림으로써 타인에 대한 공감력을 키운다.

스탠퍼드 대학의 교수이자 신경 내분비학자인 로버트 새폴스키 박사는 〈월스트리트저널〉에서 이렇게 말했다. "까다로운 문제에 대한 창조적인 해결책은 종종 방황하는 길을 따라 갈 때 발견된다." "주의산만은 지루함을 조금 더 견딜 만하게 만들어준다." 그러나 모든 방황하는 마음과 몽상이 똑같은 것은 아니며, 언제나 도움이 되는 것도 아니다. 몽상이 최상의 상태에 있다 해도 - 즉, 고도로 창조적이고 이완되어 있으며 고양감을 일으키는 경험이라 해도 - 아이들이 몽상에서 빠져나와 지금 해야 하는 과제로 돌아와야 하는 때가 분명히 있다.

이로써 나는 몽상과 마음챙김이 어떤 관계인지 관심을 갖게 되었다. 몽상에 빠져 있는 아이는 자신의 머릿속에서 일어나는 일을 따라가려는 노력을 놓아버린 채로 마음이 자유롭게 돌아다니도록 허용한다. 실제로 어떤 명상법은 아이들의 마음이 자유롭게 돌아다니도록 한다. 그러나 명상과 몽상은 커다란 차이가 있다. 바로 '상위 자각력meta-awareness'의 있고 없음이다. 즉, 아이들이 자기 마음에서 일어나는 일을 놓치지 않고 따라가고 있으면 명상을 하는 것이고, 그걸 놓치면 몽상에 빠진 것이다.

예를 들어, 십대 소녀가 몽상에 빠져 있는 동안 자기가 몽상에 빠졌다는 사실을 자각하고 있으면 몽상을 하는 것일까? 만약 자기 머리에서 일어나고 있는 일을 놓치지 않고 따라가고 있다면 아이는 지금 몽상이 아니라 명상을 하고 있다고 보아야 한다. 반대로, 명상을 하려고 앉았지만 마음이 이곳저곳 방황하면서 자기만의 상상에 푹 빠져 있다면, 명상을 한다고 볼 수 없다. 마음이 방황하는 것 자체는 문제가 아니다. '마음이 방황하는 것을 알아차리고 있는가'가 핵심이다. 그것을 알아차리지 못하면 마음챙김을 놓친 채로 몽상을 하는 것이다. 그러나 자기가 몽상에 빠져 있다는 사실을 자각하는 순간, 다시 마음챙김을 회복할 수 있다.

과학자들은 아직 몽상과 명상의 정의에 관하여 최종 합의에 이르지는 못했다. 하지만 어느 정도 의견 일치를 본 부분도 있다. 그것은 긍정적이고 건설적인 몽상을 하며 얼마간 시간을 보내는 것, 즉 자기가 바라는 유쾌한 심상과, 계획적이고 창조적인 몽상은 아이들의 학습 효과를 높이며 아이들의 뇌 발달에도 좋다는 사실이다. 그렇다면 부모들은 마음챙김과 몽상과 관련하여 무엇을 어떻게 해주어야 할까? 이 질문에 딱 맞는 단 하나의 정답은 없다. 아이들이 이 두 가지의 균형을 맞추도록 해주는 것 외에는 말이다.

# 3부
# 집중하기

Focusing

마음챙김과 명상은 우리의 내면과 외면에서 일어나는 일들을 지혜와 자비로 돌보게 하는 삶의 기술을 길러준다. 그 기술 가운데 하나인 '집중하기'는 나머지 5가지(고요하게 하기, 보기, 새롭게 보기, 돌보기, 연결하기) 기술을 지탱하는 핵심이며, 이는 자전거의 중심축과 같다. 주의를 집중할 때 마음은 고요해지고, 자기 안과 밖을 또렷하게 보게 되고, 나아가 모든 것이 서로 원인과 조건이 됨을 앎으로써 말과 행동, 관계에 변화를 가져오게 되는 것이다.

**6장 마음챙김 호흡 :**
저절로 쉬어지는 호흡을 관찰하면서, 어떠한 판단도 내리지 않고
그저 있는 그대로 받아들이는 연습을 한다.

**7장 한곳에 모으는 주의 :**
몸의 움직임, 느낌, 소리, 이미지 등 하나의 대상(닻)을 골라 집중한다.
산만해질 때마다 다시 닻에 집중하여 주의력을 강화시킨다.

**8장 평화로운 마음을 시각화하기 :**
친절을 시각화하는 놀이는 자기 안과 밖에서 충돌하는 마음들을 동시에 품어
안도록 하여, 자기애와 긍정적 감정, 사회적 유대감을 키워준다.

**9장 머리 밖으로 나와 바라보기 :**
몸의 감각을 의식하고 느끼는 놀이를 통해 현재 자신의 상태를 알아차린다.
스트레스 등 몸의 균형이 무너졌을 때 몸이 보내는 신호를 빠르게 알아내
그 반응(부정적 감정, 행동)을 약화시킬 수 있다

몇 마디 말이 커다란 영향을 미칠 수 있다. 내가 좋아하는 고전 동화책 중에 루스 크라우스가 쓰고 크로켓 존슨이 그린 1945년 작 『당근 씨앗The Carrot Seed』이 있다. 어린 남자아이의 가족들은 이구동성으로 당근 씨앗을 심지 말라며 아이를 말린다. 아이의 부모는 싹이 나지 않을 거라고 말하고, 아이의 형도 싹이 안 날 거라고 확신한다. 아랑곳하지 않는 어린 농부는 열심히 잡초를 뽑고 물을 준다. 12페이지로 된 책의 4페이지 동안 아무 일도 일어나지 않는다. 그러나 결국 크라우스는 이렇게 썼다. "그러던 어느 날, 당근이 쑥 하고 올라왔어요. 마치 아이가 처음부터 알고 있었던 것처럼요." 아이의 노력이 결실을 맺은 것이다.

이 대목에서 독자들은 아이의 결심과 흔들리지 않는 확신에 놀라워한다. 당근이 흙을 뚫고 솟아날 때 박수를 보내고, 아이가 제 몸집보다 큰 당근을 뽑아낼 때 다시 한 번 환호한다. 이 책에서 소년은 고작 단어 100여 개밖에 되지 않는 대사로 인내와 지혜로운 확신을 행동으로 보여 주고 있다. 인내와 지혜로운 확신은, 아이들이 튼튼하고 안정적이며 유연한 주의력을 갖는 데 필요한 두 가지 마음의 성질이다.

아이들과 부모들이 자기 자신을 들여다보는 시간을 짧게라도 자주 가진다면 처음에는 별것 아니게 보여도 안정적이고 유연한 주의력을 기를 수 있다. 욘게이 밍규르 린포체는 이렇게 말했다. "짧은 시간이라도 자주 수행하십시오. 한 방울의 물이라도 쉼 없이 계속 떨어진다면 커다란 빈 그릇도 결국엔 가득 찰 것입니다." 이 방법은 특히 아이들과 마음챙김을 나눌 때 효과가 있다. 또 이 방법을 실천하는 데는 인내와 지혜로운 확신이 요구된다.

저명한 명상 지도자이자 통찰명상협회의 공동 설립자인 샤론 샐즈버그는 『참된 행복Real Happiness』이라는 책에서 이렇게 말한다. "작은 도끼로 커다란 나무둥치를 쪼갠다고 하자. 아흔아홉 번을 내려쳐도 나무둥치는 쪼개지지 않는다. 백 번째 내려치자 나무둥치가 쩍 하고 갈라진다. 백 번째 도끼질을 한 뒤에 당신은 이렇게 생각할지 모른다. '이번엔 내가 이전과 다르게 찍었나? 도끼를 다르게 잡았나? 아니면 선 자세가 이전과 달랐던가? 아흔아홉 번 동안 갈라지지 않더니 어째서 백 번째에 효과가 있었던 걸까?' 그렇지만 백 번째가 효과가 있기 위해서는 앞서 아흔아홉 번 도끼질이 반드시 필요했다. 딱딱한 나뭇결을 부드럽게 만드는 효과가 있었던 것이다. 아마도 서른네 번째나 서른다섯 번째 도끼질에서 당신은 기분이 별로 좋지 않았을 것이다. 아무 효과도 없는 것처럼 보였으니까. 그러나 실은 그렇지 않았다. 나무둥치를 쪼개는 데는 처음부터 100번째까지 하나하나의 단계가 모두 필요했다."

나무가 쪼개질 때까지 도끼질을 하려면 인내와 지혜로운 확신이 필요하다. 그림책 『당근 씨앗』에 등장하는 소년이 그랬던 것처럼 말이다. 아놀드 멍크가 '와티 파이퍼'라는 필명으로 비슷한 시기에 출간한 아동문학의 고전 『넌 할 수 있어, 꼬마 기관차The Little Engine That Could』도 비슷한 메시지를 전한다. 파란색 꼬마 기관차는 장난감을 가득 실은 열차를 산꼭대기까지 끌고 가려고 한다. 하지만 그러기에는 덩치가 너무 작다. 그러나 꼬마 기관차는 굴하지 않고 열차를 끌기 시작한다. 산꼭대기에 오르는 내내 꼬마 기관차는 이렇게 말한다. "난 할 수 있어, 할 수 있어, 할 수 있어." 이 두 권의 고전 그림책은 일상의 삶의 속도가 지금보다 훨씬 느린 시대에 쓰였다. 삶의 속도가 엄청나게 빨라진 오늘, 요즘 아이들이 두 그림책의 사랑스러운 주인공처럼 인내와 지혜로운 확신을 체현해 보일 수 있을까? 나는 그럴 수 있다고 생각한다. 만약 아이들이 자기가 하는 일의 결과보다는 일하는 과정, 매 순간에 더 집중한다면 말이다.

# 6장
# 마음챙김 호흡

내가 처음 명상을 배운 곳은 남편과 함께 간 뉴욕시의 선센터에서 모르는 사람들과 함께였다. 몇 분 동안 책상다리를 하고 방석에 앉아 흰 벽을 응시하자 온갖 생각이 나를 덮쳐왔다. 어느 순간 벌떡 일어난 나는 마치 머리카락에 불이 붙은 양 그곳을 빠져나왔다. 지금 돌아보면 그때 내가 가만히 앉아 있지 못한 이유를 알 것 같다. 당시 우리 가족은 힘든 시기를 겪고 있던 터였다. 명상을 하면서 내면을 들여다보는 게 무섭고 고통스러웠다. 그 뒤 힘든 상황이 지나가고 나서야 나는 다시 명상으로 돌아올 수 있었다.

그러나 불행히도 다음 이야기를 내게 들려준 어느 어머니는 명상으로 돌아오지 않았다. 똑똑한 워킹맘인 그녀는 평소 자신이 새로운 것을 시도할 때처럼 명상에 접근했다. 관련 서적을 읽고, 명상 오디오를 들으며, 관련 앱을 다운받아 명상을 익혔다. 준비 작업을 마친 그녀는 이제 혼자서 명상 수련을 해도 된다고 생각했다. 그런데 명상을 하려고 자리에 앉은 뒤 매번 두려움과 무력함에 휩싸여 오래 지속할 수가 없었다. 그녀는 자신에게 닥친 삶의 도전들을 헤쳐가기 위해 명상을 시작했다. 아무리 노력해도 평온하고 편안하며 평화로운 느낌이 들지 않았고 오히려 명상을 할 때마다 불안해졌고 자신의 감정에 압도당했다. 그녀는 명상하면서 오히려 좌절감을 느끼고 중단한 수많은 사람 중 하나였다.

많은 아이들이 명상을 쉽게 생각한다. 하지만 대부분의 부모들은 처음에 명상이 쉽지 않다고 여긴다. 어느 중년의 전문직 아버지가 젊은 마음챙김 지도자에게 명상하는 법을 알기 쉽게 가르쳐달라고 청했다. 그러자 지도자는 하루 5~10분 정도 시간을 내어 편안하게 앉거나 누워서 자신의 호흡에 집중하라고 했다. 생각이 올라오면 그냥 내버려둔 채 호흡으로 돌아가 집중하라고 했다. 그 아버지는 지도자의 지침을 기억하고도 그대로 따를 수가 없었다. 마음이 바빠지면 자신의 문제를 이리저리 분석하고, 생각하지 않을 때면 지루해하거나 잠에 떨어지는 악순환에 빠졌기 때문이다. 어느 경우든, 희망을 안고 시작한 이 명상 초심자는 명상을 하고도 시간을 잘 보냈

다는 생각이 들지 않았다. 명상을 하는 중에 생각이 올라오면 차라리 책상에 앉는 편이 낫다고 느꼈다. 또 명상을 하다가 잠에 곯아떨어지면 차라리 뒷마당의 긴 의자에 누워 몽상을 하는 편이 낫다고 생각했다.

강렬하고 고통스러운 감정에 압도당한 나머지 명상을 그만둔 워킹맘 어머니와, 생각에 빠지거나 잠이 들어 명상을 중단한 전문직 아버지의 사례는, 자기 삶의 부서진 일면을 고치려고 명상을 시작하는 많은 사례들 가운데 하나다. 나 역시 몇 십 년 전에 이런 식으로 처음 명상을 시작했다. 그러다 명상이 '자기 개선'의 한 방편이라는 나의 생각에 변화가 생겼다. 나는 무척 놀랐다. 이전의 완벽주의로 인한 예민함은 이제 바로 곁의 친구와 가족과 동료에 대한 현존의 감각으로 바뀌었다. 이것은 나의 눈을 새로 뜨게 한 경험이었다. 거기서 나는 마음의 안정과 심리적 자유를 발견했다.

미국인으로서 티베트 불교의 최고 지도자인 페마 초드론은 『달아나지 않음의 지혜The Wisdom of No Escape』라는 책에서 이렇게 말했다. "사람들이 명상을 시작하거나 영적 훈련을 할 때 그들은 종종 무언가를 '개선'시켜야 한다고 생각합니다. 그러나 이것은 있는 그대로의 참 자기에 대한 일종의 공격적 행위일 수 있습니다. 그것은 이렇게 말하는 것과 같습니다. '조깅을 하면 나는 지금보다 더 나은 사람이 될 거야.'" 페마 초드론은 계속해서 이렇게 말한다. "명상 수행은 지금 있는 그대로의 자신을 버리고 더 나은 사람이 되는 것이 아닙니다. 명상 수행은 지금 있는 그대로의 자신을 더 잘 아는 것입니다." 우리 자신의 가장 좋은 친구가 되기 위해서는 자기를 계발시킨다는 관점에서 떠나, 지금 나의 내면과 주변에서 일어나는 일을 받아들이는 방향으로 관점을 변화시킬 필요가 있다. 초조함, 두려움, 분노, 슬픔 등의 강렬하고 고통스러운 감정이 때로 일어날 수 있다는 사실을 받아들일 때 우리는 불편한 느낌을 비정상적인 것으로 보지 않고, 내가 그것을 견뎌낼 수 있다는 사실을 알게 된다.

아이들의 경우, 이런 관점의 변화는 구체적으로 이런 모습을 띤다. "지금 자리에 가만히 앉아 있는 건 정말 힘들어. 그렇지만 그래도 괜찮아. 자리에 꼼짝 않고 앉아 있는 건 누구라도 힘들어. 지금 여기 앉아 내 몸을 느끼면 돼. 내가 갖고 있는 에너지를 느껴보는 거야. 심장이 빠르게 뛰고, 다리와 손이 움직이려고 하는 걸 느껴보자. 그리고 호흡을 하면서 주변 소리를 들어봐도 좋아. 내가 지금 어떻게 느끼는지, 또 그 느낌이 어떻게 바뀌어가는지 호기심을 갖고 지켜보면 돼. 그냥 그렇게 하면 돼."

많은 명상 전통에서 마음챙김 호흡mindful breathing으로 명상 훈련을 시작한다. 마음챙김 호흡으로 끝을 맺는 명상 전통도 있다. 마음챙김 호흡은 매우 간단하지만 심오한 수련법으로, 아주 쉽지만은 않다. 다음 '마음챙김 호흡' 놀이에서 아이들은 몸과 마음을 편안히 한 상태에서 숨이 몸으로 들어가고 몸에서 나오는 동안 몸의 감각에 집중하는 연습을 하게 된다. 아이들이 자기 호흡의 속도와 강도를 일부러 바꿀 필요는 없다. 자연스럽게 호흡이 들어가고 나오도록 하면 된다.

페마 초드론은 『아름답게 살기Living Beautifully』라는 책에서 이렇게 말한다. "숨이 밖으로 나가 허공으로 사라진 다음, 우리는 다시 숨을 들이쉰다. 숨은 일부러 생기게 하거나 통제하지 않아도 저절로 들어오고 나간다. 숨이 나갈 때마다 우리는 모든 것을 탁 하고 내려놓는다. 어떤 일이 일어나든 – 생각과 감정, 주변의 소리와 움직임 등 – 우리는 그것에 어떠한 판단도 내리지 않고, 그저 있는 그대로 받아들이는 연습을 한다." 어린이와 십대들이, 자기 바깥에서 일어나는 소리, 움직임, 주의 산만의 요소와 함께 자기 안에 일어나는 생각과 느낌, 감각을 알아차리고 받아들이는 것은 실제로 다음과 같은 모습이다.

기말 숙제가 내일까지야. 아무래도 기한을 못 맞출 거 같아. 괜찮아, 그건 단지 내 머릿속에서 일어나는 생각일 뿐이야. 나는 지금 숨을 들이쉬며 내쉬고 있어. 그런데 친구의 생일 파티에 초대받지 못해 미칠 것 같아. 괜찮아, 그것 역시 머릿속 생각일 뿐이야. 숨을 들이쉬고, 또 내쉬고. 이런, 이번에는 복도에서 들리는 소리 때문에 명상을 못 하겠군. 이것도 생각일 뿐이야. 괜찮아. 나는 숨을 들이쉬고, 또 내쉬고 있어. 이젠 코끝이 간지럽군. 이것도 몸의 감각일 뿐이야. 지금부터 내 마음에서 일어나는 모든 일에 '생각'이라고 이름을 붙일 거야. 숨을 들이쉬고 내쉬고, 또 들이쉬고 내쉬고. 이제 생각이 좀 잦아들었어. 이런, 생각이 잦아들었다는 것 역시 또 하나의 '생각'이잖아! 숨을 들이쉬고 내쉬고, 또 들이쉬고 내쉬고…. 믿을 수 없어! 호흡에 대한 생각이 멈췄어. 아, 이것 역시 생각이잖아. 좋아, 생각이 일어나면 거기에 그냥 '생각'이라고 이름을 붙여보자. 숨을 들이쉬고, 내쉬고….

놀이 18

## 들숨 날숨 관찰하기 : 마음챙김 호흡

호흡의 느낌에 가만히 주의를 기울여보자. 이를 통해 몸과 마음이 편안해지면서 지금 이 순간에 머물 수 있다.

**삶의 기술** : 집중하기 **대상 연령** : 모든 연령

### 놀이 진행 순서

1. 다리를 죽 편 채로 바닥에 등을 대고 누우세요. 양 팔은 몸 옆에 자연스럽게 두고 눈을 감으세요.
2. 머리가 바닥에 닿는 느낌을 느껴보세요. 이제 어깨가 닿는 느낌도 느껴봅니다. 등과 팔, 손, 허리, 다리, 발도 순서대로 느껴보세요.
3. 이제, 숨을 들이쉬고 내쉬는 게 어떤 느낌인지 관찰합니다. 숨을 쉬는 방법이 정해져 있는 건 아니에요. 숨이 빠르거나 느려도, 혹은 깊거나 얕아도 상관없습니다.
4. 호흡이 가장 분명하게 느껴지는 지점을 관찰하세요. 코 바로 아래에서 공기가 드나드는 게 느껴지나요? 아니면 배가 오르고 내리는 걸 느낄 수 있나요? 폐가 공기로 가득 차는 것은요?
5. 이 중 가장 강하게 느껴지는 부위를 선택해 몇 차례 호흡을 하면서 그 부위에 가만히 주의를 기울여봅니다.
6. 이제 들숨에 조금 더 주의를 집중해보세요. 숨을 들이쉬기 시작하는 바로 그 순간을 놓치지 않고 알아차릴 수 있나요? 그런 다음 숨을 내쉬는 '처음 순간'이 시작되기까지 숨을 들이쉬는 전 과정을 놓치지 말고 따라가보세요. 들숨에 마음을 기울이기가 어렵다면 숨을 들이쉴 때마다 속으로 '들숨'이라고 말해보세요.(이름 붙이기)
   (1~2분 동안 아이들이 해보도록 시간을 준다.)
7. 자 이제, 숨을 내쉬는 바로 그 순간을 알아차릴 수 있나요? 그런 다음 들숨이 시작되는 첫 순간이 시작되기까지 놓치지 않고 날숨을 죽 따라가봅니

다. 날숨에 마음을 붙이기가 어려우면 숨을 내쉴 때마다 '날숨' 하고 속으로 이름을 붙여봅니다.

(1~2분 동안 아이들이 해보도록 시간을 준다.)

8. 이제, 들숨과 날숨을 합쳐서 숨을 쉬는 전 과정에 주의를 기울여봅시다. 매 순간을 놓치지 않고 가만히 따라가보세요. 호흡의 과정에 마음을 매어두기 어렵다면 숨을 들이쉴 때 속으로 '들숨' 하고 이름을 붙이고, 숨을 내쉴 때는 속으로 '날숨' 하고 이름을 붙여보세요.

   (아이들이 몇 차례 호흡을 하면서 시도해보도록 한다.)

9. 이제 우리 몸에 어떤 느낌이 드는지 관찰해봅시다. 머리가 바닥에 닿는 느낌을 느껴보세요. 어깨가 바닥에 닿는 느낌, 등과 팔, 손, 허리, 다리, 발이 닿는 느낌도 느껴보세요.
10. 이제 눈을 뜨고 천천히 몸을 일으켜 세워 마무리를 짓습니다. 한 차례 크게 숨을 쉬면서 몸에 어떤 느낌이 드는지 관찰해보세요.

### 지도 방법

1. 눕는 자세는 아이들이 가장 좋아하는 명상 자세이다. 하지만 '마음챙김 호흡'은 자리에 앉아서 또는 일어서서 할 수도 있다.
2. 앉아서 혹은 서서 '마음챙김 호흡' 연습을 할 때 아이들이 가만히 있는 걸 어려워하면 양옆으로 천천히 규칙적으로 몸을 흔드는 방법도 도움이 된다.
3. 요즘 아이들이 매 순간 엄청난 양의 정보를 처리하고 있는 사실을 감안할 때, 호흡 감각으로 주의의 범위를 좁히는 걸 어려워하는 것은 어쩌면 당연한 일이다. 이 때문에 명상가들은 오랜 세월 다음 방법을 사용해왔다. 즉, 호흡에 집중하기가 어렵다면 숨을 들이쉴 때 '들이쉼' 하고 속으로 이름을 붙이고, 내쉴 때는 '내쉼' 하고 이름을 붙인다.
4. '마음챙김 호흡' 수련을 하고 난 뒤에(혹은 어떤 자기 성찰 활동 후에라도) 어린이와 십대들이 자신의 느낌과 경험에 대해 이야기하는 기회를 갖도록 한다. 아이들 한 사람, 한 사람으로부터 간단한 몇 마디를 들어도 좋고, 아니면 여러 아이와 함께 더 깊은 이야기를 나눠도 좋다.
5. 수련을 하는 중에, 아이들에게 몸이 긴장되어 있지 않은지 살펴보고, 만약 긴장되어 있다면 이완하도록 해준다.

처음 명상을 시작하는 아이라면 가벼운 베개(또는 부드러우면서도 약간 무게감이 있는 물건)를 배 위에 올려두면 호흡의 감각에 **집중하는** 데 도움이 된다. 다음 놀이에서, 저연령 아동들은 동물 봉제 인형을 배 위에 올려놓고 인형을 재운다고 생각하며 자신의 호흡으로 인형을 위, 아래로 움직여본다. 고연령 아동이나 십대들이라면 봉제 인형 대신 베개나 쿠션, 다른 부드러우면서 무게감 있는 물건을 올려놓는다.

놀이 19

## 자장자장

동물 봉제 인형을 배 위에 올려놓고 위아래로 움직이면서 몸을 이완하고 마음을 고요하게 한다. 숨을 들이쉬면 배 위에 올린 인형이 위로 올라가고, 숨을 내쉬면 인형은 아래로 내려갈 것이다.

---

**삶의 기술** : 집중하기
**대상 연령** : 저연령 아동(고연령 아동과 십대의 경우에는 조금 변형해서 적용한다)

---

### 놀이 진행 순서

1. 다리를 죽 뻗은 채로 등을 바닥에 대고 눕습니다. 팔은 몸통 양 옆에 가지런히 두세요. 눈을 감는 게 편하다면 눈을 감으세요. 이제 선생님이 여러분의 배 위에 동물인형을 올려놓을 거예요.
2. 머리가 바닥에 닿는 느낌을 느껴보세요. 이제 어깨와 등, 팔, 손, 허리, 다리, 발이 바닥에 닿는 느낌도 차례로 느껴봅니다. 배에 올려놓은 인형을 가볍게 만져보면서 인형이 어떤 느낌인지 느껴보세요.
3. 이제 여러분의 호흡으로 배 위에 올려놓은 인형을 위, 아래로 움직여봅니

다. 이때 어떤 느낌이 드는지 호흡의 느낌을 가만히 느껴보세요. 몸에 어떤 느낌이 드나요? 여러분의 마음은 어떤가요?
(다음 지시로 넘어가기 전에 1~3분간 기다려준다.)

4. 호흡에 마음을 두기가 어려우면, 숨을 들이쉬어 인형이 위로 올라갈 때는 속으로 '위로' 하고 이름을 붙입니다. 또 숨을 내쉬어 인형이 아래로 내려갈 때는 속으로 '아래로'라고 이름을 붙여보세요.
5. 이제 자신의 몸이 어떤 느낌인지 관찰해보세요. 머리가 바닥에 닿는 느낌, 어깨와 등, 팔, 손, 허리, 다리와 발이 바닥에 닿는 느낌도 순서대로 느껴보세요.
6. 이제 감았던 눈을 뜨고 천천히 몸을 일으켜 자리에 앉으면서 마무리를 짓습니다. 한 차례 숨을 쉬면서 어떤 느낌이 드는지 관찰합니다. 이전에 경험해보지 않았던 느낌이 드나요? 든다면 어떤 느낌인가요?

마음은 원래 생각을 하도록 만들어졌다. 하지만 생각은 과거와 미래에 관한 이야기로 명상가들을 산만하게 만든다. 그래서 명상가들은 주의를 붙들어 매는 '닻'을 흔히 사용하는데, 이때 주로 사용되는 방법이 호흡의 수를 세는 것이다. 이것은 생각의 대상을 단어 하나에 국한시켜, 명상을 처음 하는 사람이 생각에 빠지는 어쩔 수 없는 성향을 이용하는 방법이다.

호흡의 수를 세는 방법은 굳이 명상이 아니더라도 바쁜 마음을 고요하게 만드는, 우리에게 익숙한 방법이다. 불면증으로 고생하는 사람들은 밤에 잠들기 어려울 때 양의 수를 세거나 거꾸로 수를 세는 방법을 사용해왔다. 『참된 행복: 충만감에 이르는 방법으로서의 명상 Genuine Happiness: Meditation as the Path to Fulfillment』을 포함하여 마음챙김과 명상에 관한 여러 권의 책을 쓴 명상가이자 학자인 앨런 월리스

박사는 호흡 수 세기를 '자전거 보조 바퀴'에 비유한다. 보조바퀴가 자전거를 탈 때 넘어지지 않게 지탱하는 역할을 하듯, 호흡 수를 세는 것은 마음을 일정한 대상에 매어둔다. 그런 안정적인 지탱 속에서 호흡 수를 세면 차츰 생각이 느려지면서 마침내 고요해지기에 이른다.

놀이 20

## 호흡 세어보기

**호흡의 수를 세보면서 집중력을 계발시킨다. 운동이나 악기 연주와 마찬가지로, 훈련을 하면 할수록 더 능숙하게 집중할 수 있다.**

**삶의 기술** : 집중하기 **대상 연령** : 모든 연령

### 놀이 진행 순서

1. 등을 곧게 세우고 몸을 편안하게 이완한 채로 자리에 앉습니다. 양손은 편안하게 무릎 위에 둡니다.
2. 자연스럽게 숨을 들이쉬면서 속으로 '하나' 하고 말합니다. 숨을 내쉬면서는 이마를 편안하게 풀어줍니다.
   (손가락 하나를 들어 모두가 숨을 들이쉬고 내쉴 때까지 기다려준다.)
3. 다시 한 번 해봅시다. 자연스럽게 숨을 들이쉬면서 속으로 '둘'이라고 해보세요. 그런 다음 숨을 내쉬면서 목과 어깨를 편안하게 풀어줍니다.
   (손가락 두 개를 들어 보인다.)
4. 이제 숨을 들이쉬면서 속으로 '셋'이라고 해보세요. 숨을 내쉬면서 배를 편안하게 풀어주세요.
   (손가락 세 개를 들어 보인다.)
5. 다시 한 번 해봅시다. 이번에는 선생님은 아무 말도 안 할 거예요. 속으로 수를 세면서 선생님 손가락 동작에 맞춰 호흡해보세요. 숨을 내쉴 때는 잊지 말고 몸을 풀어주세요.

6. **지도 포인트** : 호흡의 수를 세자 마음이 고요해졌나? 편안하게 이완되었나? 그러기까지 시간이 얼마나 걸렸나? 다시 마음이 바빠졌나, 아니면 계속 고요한 상태에 머물렀나?

### 지도 방법

1. 아직 머릿속으로 수를 세지 못하는 저연령 아동이라면, 자기 손가락을 가지고 호흡의 수를 세도 좋다. 선생님이 손가락을 하나, 둘, 세 개 들 때마다 아이가 선생님에 맞춰 손가락을 들도록 한다.
2. 가족이 부엌 식탁에 앉아 돌아가며 세 번 호흡 연습을 해도 좋다. 첫 번째 사람이 손가락을 하나, 둘, 세 개 들면서 세 번 호흡을 시작한다. 세 번 호흡이 끝나면 바로 오른쪽에 앉은 사람이 바통을 이어받아 역시 손가락을 세 개까지 들면서 세 번 호흡을 한다. 이런 식으로 돌아가며 식탁에 앉은 모두가 리드해볼 수 있도록 한다.
3. 호흡의 수를 세는 과정에서 아이가 들숨에는 활기를 얻어 깨어 있도록 하고, 날숨에는 이완되어 마음이 차분하고 고요해지는 방향으로 이끌어준다.
4. 일부 고연령 아동과 십대, 부모들은 (하나부터 셋까지가 아니라) 하나부터 열까지 세는 방법이 더 좋다고 하며, 또 어떤 이들은 열까지 세는 건 너무 길다고 한다. 여러 가지 방식으로 시도한 뒤, 자신에게 가장 맞는 것을 찾도록 한다.
5. 또 들숨에는 '하나, 하나, 하나'라고 세는 방법도 있다.
   - 아이들이 숨을 들이쉬면서 들숨이 끝날 때까지 '하나, 하나, 하나…' 하고 속으로 세도록 한다. 숨을 내쉬면서는 최대한 편안하게 몸을 이완하도록 한다.
   - 두 번째 들숨을 쉬면서도 마찬가지로 '둘, 둘, 둘…' 하고 세도록 한다. 숨을 내쉬면서 최대한 이완한다.
   - 숨을 열 번 쉴 때까지 이런 식으로 수를 센다.
   - 열 번까지 숨을 쉬었으면 이번에는 들숨이 아니라 날숨에 '하나, 하나, 하나…'처럼 수를 센다.

다음 놀이는 일련의 몸동작을 통해 아이들이 주변 사람이나 사물과의 관계 속에서 자기의 몸을 직접 느껴봄으로써 '자기 자각력self-awareness'을 키우는 놀이이다. 이 놀이를 하기 전에 염두에 두면 좋은 두 가지 팁을 소개한다. 우선, 대형 괘종시계 그림을 곁에 두어 아이들이 시계추의 모양을 쉽게 상상하도록 한다. 다음으로, 이 놀이는 바닥에 앉아서 하는 것이 좋지만 선 자세로 또는 의자에 앉아서 해도 된다.

놀이 21

## 똑딱똑딱

노래 리듬에 맞춰 몸을 양옆으로 시계추처럼 흔든다. 이 놀이는 신체 자각력을 높여주고 규칙적인 방식으로 몸을 움직이는 연습을 하게 한다.

**삶의 기술** : 집중하기　　**대상 연령** : 저연령 아동

### 놀이 진행 순서

1. **지도 포인트** : 시계는 어떤 소리를 낼까? 대형 괘종시계가 어떻게 생겼는지 아는 사람? 시계추가 어떤 모양인지 아는 사람?
2. 이제 대형 괘종시계의 시계추처럼 몸을 양옆으로 흔드는 놀이를 해볼 거예요. 등을 곧게 세우고 몸을 편안하게 이완한 채로 양손을 양쪽 바닥 위에 두세요.
3. 이제 모두 오른손을 들어 자기 오른쪽 바닥을 짚은 다음, 몸을 오른쪽으로 기울여봅니다. 이번에는 몸을 왼쪽으로 기울여보세요. 바닥에 짚은 왼손으로 자기 몸무게를 지탱해보는 거예요. 이제 다시 오른쪽으로 몸을 기울여봅니다. 몸이 오른쪽, 왼쪽, 가운데를 오가며 움직이는 게 느껴지나요?

4. 이제 몸을 좌우로 흔들면서 '똑딱똑딱' 하고 소리 내어 말해봅시다. "똑딱똑딱, 똑딱똑딱…"
5. 이제 곧 몸을 흔드는 걸 멈출 거예요. 멈추기 전까지 다음 노래 리듬에 맞춰 모두 함께 몸을 흔들어봅시다. "똑딱똑딱– 시계추처럼– 흔들어봐– 가운데– 올 때까지– 멈춰."
6. 시작했던 것과 같은 식으로 마무리 해봐요. 허리를 곧게 세우고 몸을 편안하게 합니다. 양손은 무릎 위에 두고 몇 차례 숨을 쉬어보세요.

### 지도 방법

1. 똑딱똑딱 놀이를 한 뒤에 앞서 소개한 '호흡의 수 세기' 놀이를 손동작과 함께 하면 좋다. 아이들이 '멈춰' 하고 말한 다음, 선생님이 손가락 하나를 치켜든다. 모두가 한 차례 호흡을 한다. 이제 선생님이 두 번째로 손가락을 들면 모두가 또 한 차례 호흡을 한다. 세 번째 손가락을 들면 모두 함께 세 번째 호흡을 한다.
2. 똑딱똑딱 놀이를 한 뒤에 하기 좋은 또 하나의 놀이는 '희미해져가는 소리' 놀이(124쪽)이다. 이 놀이는 어린 아이들을 상대로 하는 마음챙김 경청 놀이로, 뒤에서 다시 소개한다.
3. 드럼 소리에 맞춰 몸을 앞뒤로 흔들어도 좋다.

# 7장
## 한곳에 모으는 주의

어른들은 종종 아이들에게 '주목!'이라고 말한다. 주의를 기울이라는 말인데, 그렇다고 아이들에게 주의를 기울이는 게 무엇이고, 어떻게 하는 것인지 가르쳐주는 일은 거의 없다. 왜 그럴까? 바로 어른들조차 주의가 어떤 식으로 작동하는지 잘 모르기 때문이다. 설령 머리로는 주의를 이해한다 해도, 의도적인 주의력 계발 훈련을 실제로 받아본 적이 거의 없기에 가르쳐줄 수가 없는 것이다. 바로 이 점에서 마음챙김과 명상이 도움을 줄 수 있다.

방석에 앉아 명상을 하면 우리는 오래지 않아 대단히 유용한, 주의 기울임의 두 가지 방식에 대해 알게 된다. 첫째는 우리가 집중하고, 주의 산만 요소들을 처리하며, 눈앞의 목표를 달성하도록 돕는 집중된 주의이다. 둘째는 보다 넓고 수용적인 주의로, 재미와 창의성과 감정조절의 원천이 되는 주의이다.

나는 명상을 연구하는 학자이자 저자인 앤드류 올렌즈키가 『마음챙김 임상 핸드북Clinical Handbook of Mindfulness』에 쓴 글에서 아이디어를 얻어 이 두 가지 주의 기울임의 방식을 각각 '한곳에 모으는 주의spotlight of attention'와 '고르게 확산하는 주의floodlight of attention'라고 부른다. 한곳에 모으는 주의는, 또렷하고 안정적이며 가느다란 빛을 특정 대상에 쏘아 그것을 밝게 비추는 주의라고 할 수 있다. 이 특정 대상을 명상에서는 흔히 '닻anchor'이라고 부른다. 그리고 아이들이 다른 대상을 모두 제외시킨 채 닻에만 집중하는 놀이를 '닻 놀이anchor game'라고 한다. 닻은 하나일 수도 있고(꽃 한 송이), 여러 개일 수도 있다(꽃다발). 반면 고르게 확산하는 주의는, 넓고 수용적인 빛을 쏘아 변화하는 경험의 넓은 영역을 고르게 비추는 주의이다. 이렇게 확산하는 주의를 사용하는 놀이를 '알아차림 놀이awareness game'라고 한다. 이 장에서는 닻 놀이를, 11장에서는 알아차림 놀이를 살펴본다.

한곳에 모으는 주의는 아이들이 깨어 있는 채로 주의가 산만하지 않은 집중된 상태에 있게 한다. 그런데 고르게 확산하는 주의를 기울일 때에도 깨어 있는 채로 주의가 산만하지 않은 집중된 상태로 있을 수 있다. 이를 보면 이 두 가지 주의 기울임의 방식을 이런 식으로 설명하는 것이 유용하면서도, 둘이 서로 완전히 배타적인 관계가 아님을 알 수 있다. 티베트 불교의 개념을 비종교적 용어로 풀어 서구에 처음 소개한 선구적 명상 지도자인 초걈 트룽파 린포체에 따르면, 한곳에 모으는 주의(즉, 산만하지 않고 깨어 있는 집중된 주의)가 고르게 확산하는 주의의 약 25퍼센트를 차지한다고 한다. 이것은 한곳에 집중하지 못하면 주의를 고르게 확산시킬 수도 없다는 것을 의미한다.

이 두 가지 주의 기울임의 방식은 '집행 기능executive function'이라는 상호 연결된 신경 네트워크에 의해 조절된다. 집행 기능은 '탑-다운top-down 방식', 즉 하향식 처리 방식을 통해 목적 달성을 위한 행동을 조절한다. 다시 말해, 머리에서부터 시작되는 정보 처리 방식이다. 이는 '바텀-업bottom-up', 즉 신체 감각으로부터 시작되는 상향식 정보 처리 방식과 반대되는 방식이다. 집행 기능을 조절하는 신경 네트워크는 **집중하기**를 통해 더 강화된다. 웨이트 트레이닝을 하면 할수록 근육이 단단해지는 것처럼, **집중**은 새로운 신경 통로를 형성하고, 기존의 신경 통로를 더 강화시키는 정신 훈련이다. 이것은 원인-결과라는 주제의 한 가지 예로, 과학자들은 이를 '뇌 가소성neuroplasticity'이라고 부른다. 경험에 따라 뉴런과 뇌의 신경 네트워크가 스스로를 변화시키는 능력을 말한다.

예전에는 뇌가 성장을 다하면 뉴런 등의 뇌세포가 그대로 안정화한다고 보았으나, 뇌 가소성의 연구로 학습이나 여러 환경에 따라 뇌세포는 계속 성장하거나 쇠퇴하는 것으로 밝혀졌다. 뇌과학자들은 뇌가소성을 이렇게 설명한다. "함께 발사하는 뉴런은 함께 엮인다." 다시 말해, 아이들이 특정 신경 네트워크를 더 많이 사용할수록 그 효과는 더 커진다는 것이다. 집행 기능은 아이들의 학업과 사회적, 정서적 성공을 매우 정확하게 예측하며, 아이들이 항상 사용하는 핵심 기술들, 예컨대 정보를 기억하고 자기를 조절하고 관찰하며, 주의를 이동시키는 기술의 바탕이 된다. 얼음땡, 머리 어깨 무릎 발 무릎 발, 사이먼이 말하길('Simon says…'라고 시작되는 지시문에만 그에 맞는 행동을 해야 함) 등의 놀이는 언뜻 간단해 보이지만 이 놀이를 하려면 아이들은 주의를 기울여야 하고 규칙을 기억해야 하며 통제력을 발휘해야 하는데, 이로써 아이들은 핵심적인 집행 기술을 발달시킨다.

아동과 십대를 상대로 한 연구는 아직 걸음마 단계이지만, 지금까지 발표된 바에 따르면 마음챙김과 명상이 집행 기능을 향상시킨다고 한다. 최초의 연구 가운데 하나는 이너 키즈Inner Kids 프로그램이다. 수잔 스몰리 박사가 주도하고 〈응용 학교심리 저널Journal of Applied School Psychology〉에 발표한 최초의 연구 중 하나인 이 무작위 통제집단 연구는 초등학교 3학년 64명을 수업 시간에 관찰한 연구이다. 『마음챙김과 교육에 관한 핸드북Handbook of Mindfulness and Education』이라는 책에서 브라이언 갈라 박사와 데이비드 블랙 박사는 이렇게 적었다.

처음에 자기 조절력이 낮았던 아이들도 이너 키즈 훈련에 참가하고 난 뒤에 통제 그룹의 아이들에 비해 자기 조절력이 크게 향상되었다. 교사와 학부모가 보고한 자기 조절력에 있어서도 비슷한 변화 패턴이 나타났다. 이는 아이들의 자기 조절력 향상이 학교 밖 장면에서도 유효하다는 의미로 볼 수 있다. 교사와 학부모가 알린 바에 따르면, 처음에 자기 조절력이 낮았던 아이들이 이너 키즈 훈련을 받고 나서, 과제를 시작하고, 자신에게 주어진 과제를 잘 수행하고 있는지 관찰하며, 여러 과제들 사이를 이동하는 능력이 향상되었다고 한다. 그런데 흥미롭게도 이 세 영역에서의 향상은 마음챙김 훈련을 통해 닦는 일련의 기술을 그대로 반영하고 있다. 즉, 마음챙김 훈련은 자신의 신체 감각에 주의를 집중하고(시작), 일정 시간 동안 그곳에 주의를 지속시키며(관찰), 잠시 주의가 딴 곳으로 달아나더라도 신체 감각으로 주의를 되돌리는(이동) 연습인 것이다. 이 연구 결과는 아직 예비 단계이지만, 마음챙김 훈련이, 상대적으로 자기 조절력이 낮은 아이들에게 특히 유익하다는 흥미로운 근거를 제시한다.

이 장에서 소개하는 닻 놀이는 아이들이 특정 대상에 집중하고, 주의가 산만해졌을 때 그것을 관찰하고 알아차린다. 이어 처음의 대상으로 주의를 되돌리는 연습을 통해 주의력을 강화시킨다. 부모들이 닻 놀이를 이끌 때 '닻, 집중, 주의 산만' 같은 용어를 자주 사용하게 되는 것은 우연이 아니다. 놀이를 시작하기 전, 아이들에게 이 용어들의 의미에 대해 미리 말해두는 것도 좋다. 예컨대 이런 식이다. "닻은 네가 집중하기로 선택한 대상을 말한단다. 지금 바로 여기에 있는 대상이지. 그리고 집중은 네가 그 닻에 주의를 기울일 때 일어나는 일을 가리키는 말이야. 반대로 주의 산만은 네가 닻이 아닌 다른 무언가, 그러니까 생각이나 다른 것에 주의를 기울이는 걸 말해."

'원숭이 떨어뜨리기' 놀이는 닻 놀이를 하는 중에 거품처럼 일어나는 생각과 감정, 몸의 감각에 아이들이 어떻게 대응해야 하는지를 시각적으로 보여주는 매우 유용한 놀이이다. 또 명상 훈련을 마무리할 때 약간의 재미와 유머감각을 느껴보는 그룹 '퍼실리테이션(촉진) 도구'로도 매우 훌륭하다. '원숭이 통'이라는 아이들 장난감을 사용해 아이들은 자신의 주의를 낚아챈 생각들에 대해 농담을 나눈다.

놀이 22

## 원숭이 떨어뜨리기

**여러 색깔의 플라스틱 장난감 원숭이를 준비한다. 원숭이를 고리로 만들어 떨어뜨려봄으로써 나에게 일어나는 생각을 관찰할 수 있다는 사실, 또 그것을 놓아버릴 수도 있다는 사실을 아이들이 알게 한다.**

**삶의 기술** : 집중하기, 보기 **대상 연령** : 저연령 아동, 고연령 아동

**놀이 진행 순서**

1. **지도 포인트** : 지금 이 순간에 일어나는 일에 주의를 기울이지 못하고, 과거에 일어난 일이나 미래에 일어날지 모르는 일에 대한 생각으로 주의가 산만해지는 걸 관찰한 적이 있는가? 그런 경우를 이야기해줄 수 있는가?
2. 이 놀이에서 원숭이 한 마리, 한 마리는 모두 닻 놀이를 하는 중에 우리의 주의를 낚아챈 생각과 감정, 몸의 감각을 가리키는 거예요. (선생님의 주의를 산만하게 만든 생각 중 하나를 예로 들면서 원숭이 한 마리를 들어 보인다.)
3. 이제 여러분이 선생님에게 그런 예를 하나 들려주세요. 여러분의 주의를

산만하게 만든 생각들 하나하나에 선생님이 원숭이를 한 마리씩 고리에 달 거예요. (아이들로부터 서너 개의 사례를 들은 뒤, 각 사례에 원숭이를 한 마리씩 고리에 단다.)

4. 그런데 이 원숭이들은 우리가 내려놓을 수 있는 원숭이들이에요, 그렇죠? 이 생각이나 감정들 때문에 바로 지금 우리의 주의가 산만해질 필요는 없어요. 이제 원숭이들을 떨어뜨려 볼까요?
   (플라스틱 통에 원숭이를 한 마리씩 떨어뜨린다.)
5. 재미있었어요. 다시 한 번 해볼까요? 여러분의 주의를 낚아챈 다른 생각들이 있다면 또 말해줄래요?

### 지도 방법

1. 원숭이 통은 저연령 아동의 장난감으로 흔히 사용되지만, 고연령 아동을 상대로 할 때(어른들을 상대로도!) 생각을 내려놓는다는 게 어떤 것인지 시각적으로 보여주는 도구로 사용할 수 있다.
2. 놀이가 끝나면 아이들과 이야기 나누는 시간을 잠시 갖는 것도 좋다. 몇 가지 지도 포인트를 소개하면 다음과 같다. '여러분의 마음이 얼마나 자주 현재 순간에서 과거나 미래로 달아나는가? 생각과 감정은 언제나 같은 상태로 있는가, 아니면 시간이 흐르면서 변화하는가?'
3. '원숭이 떨어뜨리기' 놀이는 아이들이 주의가 산만해지더라도 그 때문에 낙담하거나 죄책감을 느끼지 않게 해준다. 원숭이 고리를 들어 보이며 아이들에게 자신의 주의가 산만해지는 걸 관찰한 순간, 무엇이라고 해야 하는지 물어보라. 그 순간 자신의 마음이 어디에 있는지 자각한 아이들은 아마 "마음챙김!"이라고 답할 것이다.
4. 이 놀이를 하다 보면 더 이야기하고 싶은 심각한 주제를 꺼내는 아이들이 있다. '원숭이 떨어뜨리기' 놀이를 한 뒤는 아이들이 불편해하는 문제에 관하여 이야기하기에 좋은 때이다. 그러나 때로는 부적절한 시간에 민감한 화제를 들고 나오는 아이들도 있다. 이 경우에는 아이가 꺼낸 화제를 인정하고 아이의 걱정을 받아주되 대화 분위기와 화제를 다른 곳으로 전환시킬 필요가 있다. 단, 적절한 시간과 장소에서 아이와 개인적으로 그 주제에 대해 다시 이야기 나누도록 한다.

다음 놀이에서는, 명상하는 아이들이 신체의 어디에서 – 콧구멍 주위나 가슴, 혹은 배 등에서 – 호흡을 가장 쉽게 느끼는지 관찰함으로써 자기만의 호흡의 닻을 선택하도록 한다.

놀이 23

## 내 호흡의 닻 선택하기

콧구멍 주위나 가슴, 배 등을 옮겨 가며 호흡을 느껴본다. 그중 가장 호흡이 잘 느껴지는 몸의 부위에 주의를 기울여, 몸과 마음을 이완하여 현재 순간에 집중하도록 한다.

**삶의 기술** : 집중하기 **대상 연령** : 모든 연령

### 놀이 진행 순서

1. 등을 곧게 세우고 몸은 편안하게 이완한 채로 손은 무릎 위에 자연스럽게 놓습니다. 눈을 감는 게 편하다면 눈을 감으세요. 바로 지금, 숨을 들이쉬고 내쉬는 게 어떤 느낌인지 관찰해봅니다.
2. 손가락 하나를 콧구멍 아래에 살짝 갖다 대보세요. 그리고 숨이 들어오고 나가는 것을 느껴보세요. 들어오고 나가는 숨이 느껴지나요?

3. 다음으로 여러분의 손을 심장 조금 위 가슴 부위에 얹어보세요. 숨을 쉴 때 여러분의 손이 움직이는 게 느껴지나요?
4. 이제, 손을 배에 얹어 배에서 느껴지는 움직임을 느껴보세요.
5. 이제 다시 손을 무릎 위에 놓고 자연스럽게 호흡하세요. 여러분이 호흡의 움직임을 가장 잘 느낄 수 있었던 부위는 어디인가요? 콧구멍 아래였나요, 가슴이었나요, 아니면 배였나요?
6. 이제 그중 한 곳을 택해, 그곳에서 느껴지는 호흡에 집중해보세요. 그곳이 어느 부위이든, 선생님이 '닻'이라고 말하면 그 부위를 가리킨다고 생각하면 돼요. 지금부터 놀이를 하는 동안 이 닻을 사용할 거예요. 그러니 지금 바로, 호흡이 가장 잘 느껴지는 부위를 다시 한 번 확인해보세요.
7. 잘 했어요. 몇 차례 더 호흡하면서 함께 해봐요. 몸을 편안하게 하는 동시에 조금 전에 선택한 주의의 닻에 가볍게 주의를 내려놓아보세요. 이렇게 숨이 들어오고 나가는 느낌에 가만히 머물러봐요.

### 지도 방법

1. '내 호흡의 닻 선택하기' 놀이는 누워서 혹은 서서 할 수도 있다.
2. 두 명 이상의 아이를 함께 지도할 때는 닻을 선택한 뒤 머리 위에 손을 얹고 기다리도록 한다. 모든 아이가 닻을 선택한 뒤에 다음 순서로 넘어간다.
3. 놀이를 시작하기 전에 바디스캔(body scan, 머리끝에서 발끝까지 차례대로 주의를 기울여, 집중력을 높이고 지금 여기의 느낌을 온전히 느끼도록 하는 명상법)을 이용하여 몸과 마음을 편안하게 하면 좋다. 예를 들어 이렇게 말한다. "눈을 감은 채로 눈꺼풀을 느껴보세요. 어깨를 편안하게 하고 그 느낌을 느껴보세요. 손이 여러분의 무릎에 닿는 느낌도 느껴보세요. 다리가 바닥이나 의자에 닿는 느낌도요."
4. 아이들이 꽤 긴 시간 앉아서 수행을 했다면 몇 분간 '마음챙김 호흡' 수련을 해보는 것도 좋다.
5. 아이들이 또 다른 닻을 선택하게 함으로써 놀이에 약간의 변화를 주는 것도 좋다. 소리, 신체 감각, 숫자 세기 등 아이들이 주의를 두기에 적합한, 단순하면서도 중립적인 대상을 선택하게 한다.

주의의 닻으로 자주 사용하는 또 하나의 대상이 바로 소리이다. 다음 놀이에서 저연령 아동들은 처음엔 크게 들리다가 점점 작아지는 소리를 듣게 된다. 모든 닻 놀이와 마찬가지로 '희미해져가는 소리' 놀이도 **집중**이라는 삶의 기술을 계발시킬 뿐 아니라 '모든 것은 변화한다'는 주제에 대해서도 생각하도록 안내한다. 놀이의 마지막에 아이들에게 이렇게 물어본다. "소리가 어디로 사라졌죠?"

놀이 24

## 희미해져가는 소리

점점 희미해져가는 소리를 귀 기울여 들어본다. 이로써 몸과 마음을 이완시키고 집중력을 키운다.

**삶의 기술** : 집중하기 **대상 연령** : 저연령 아동, 고연령 아동

### 놀이 진행 순서

1. 허리를 곧게 펴고 몸을 편안하게 이완시킵니다. 손은 무릎 위에 가볍게 놓고 눈은 감습니다.
2. 선생님이 종을 울리면, 종소리가 점점 희미해져가는 걸 가만히 귀 기울여 들어보세요. 더 이상 소리가 들리지 않으면 그때 손을 드세요.
3. 선생님이 몇 번 더 종을 울릴 거예요. 어떤 소리는 짧을 거고, 어떤 소리는 좀 길 거예요. 귀를 기울여 잘 들어보세요. 소리가 더 이상 들리지 않으면 바로 손을 드세요.
4. **지도 포인트** : 귀를 기울여 종소리를 듣는 느낌이 어떠한가? 지금은 어떤 느낌인가? 몸이 좀 편안해졌는가? 여러분의 마음은 지금 이리저리 돌아다니느라 부산한가, 아니면 한곳에 머물러 고요한가? 완전히 사라진 소리는 이제 어디로 갔다고 생각하나?

### 지도 방법

1. 처음 한 차례 종소리를 울린 다음에는 선생님이 말을 하지 않고 여러 번 종소리를 울려 놀이를 반복한다.
   - 선생님이 호흡을 느끼듯이 손을 배 위에 올린다. 이로써 아이들도 배 위에 손을 올리도록 한다. 이것은 놀이가 시작되었음을 알리는 신호이다. 모든 아이가 준비될 때까지 기다린다.
   - 종을 울린 뒤에 한 손을 귀에 갖다 대 지금은 종소리에 집중하는 시간임을 아이들에게 알린다.
   - 더 이상 종소리가 들리지 않으면 아이들이 손을 든다. 모든 아이가 손을 들 때까지 기다린다. 필요하면 선생님이 손을 들어 이제 소리가 들리지 않으니 손을 들 때라는 것을 아이들에게 알린다.
   - 이 순서대로 두 차례 더 반복한다(총 3회).
2. '희미해져가는 소리' 놀이는 부엌 식탁에 둘러앉아 하기에 안성맞춤인 놀이이다.
3. 아이들마다 종소리가 더 이상 들리지 않는 시점이 다르다는 점을 염두에 둔다.
4. '희미해져가는 소리' 놀이는 앞의 '똑딱똑딱' 놀이(113쪽)에 이어 하기에 좋은 놀이이다. '똑딱똑딱' 놀이에서 아이들이 몸을 흔들다가 중앙에 위치시켜 더 이상 좌우로 몸을 흔들지 않는 순간에 종을 울린다.
5. 이 놀이를 하고 나서 해볼 만한 몇 가지 방법 또는 이 놀이에 변화를 주는 몇 가지 방법을 소개한다.
   - 아이들이 눈을 뜨고 있게 한다. 부드러운 돌처럼 아이들이 집중할 만한 물건을 아이들 앞에 놓아둔다. 둥그렇게 둘러앉았다면 돌이나 기타 물건을 가운데 놓아두고 함께 바라보는 초점으로 삼는다.
   - 종소리의 길이에 변화를 줘본다. 한 손으로 종을 잡아 종소리를 짧게 하거나 종을 더 크게 쳐 소리를 길게 해본다. 종소리를 길게 할 때도 아이들이 편안하게 집중할 수 있을 정도로만 길게 한다. 아이들의 집중력이 흐트러지면 종소리를 멈춘다.
   - 종을 여러 번 쳐서, 들리는 종소리의 횟수를 아이들이 세어보게 한다.
   - 소리굽쇠(두 갈래로 된 좁은 쇠막대로 특정 진동수의 음만을 내도록 고

안된 소리기구)나 흔들어 음을 내는 타악기 등으로 종소리 외의 다른 소리를 내본다. 아이들에게 몇 종류의 소리를 들었는지 물어보고 각각의 소리를 설명해보도록 한다. 그런 다음, 아이들이 들은 소리가 무슨 소리인지 맞춰보게 한다.

오랫동안 아이들에게 움직이지 말고 가만히 앉아 있으라고 하는 건 쉬운 일이 아니다. 그래서 몸을 스트레칭하고 흔들며 동작을 함께 맞추는 놀이가 필요하다. 이 놀이들은 아이들이 자신의 몸과 마음이 어떤 관계에 있는지 주의를 기울이도록 돕는, 재미있으면서도 유용한 방법이다. 다른 아이들과 함께 동작을 맞추는 재미있는 자각 활동은 아이들에게 자신의 신체적 경계를 깨닫도록 돕는다. 예를 들어, 어떤 놀이는 아이들이 다른 아이들이나 물건과 닿지 않은 채로 최대한 가까이 몸을 가져가게 한다. 동작 놀이 역시, 고연령 아동과 십대들이 긴 시간의 명상에 앞서 해볼 수 있는 좋은 놀이이다. 명상을 하기 전에 동작 놀이를 하면 명상을 시작했을 때 몸과 마음을 차분히 가라앉히는 데 도움이 된다. 그런데 마음챙김에 기초한 동작 활동은 단지 몸을 움직이고 스트레칭 하는 기회를 주는 것 이상의 의미가 있다. 즉, 이 활동들은 아이들의 자기 조절력을 키워주고, 가만히 앉아 있기 어려워하는 아이들에게 제대로 수련할 수 있는 기회를 제공하며, 넘치는 에너지를 방출하는 기회가 되기도 한다.

다음 세 가지 놀이는 몸동작을 통해, 한곳에 모으는 주의력을 키우는 닻 놀이이다. '천천히 소리 없이 걷기' 놀이에서 아이들은 걸을 때 발과 다리에서 느껴지는 감각에 주의를 둔다. 바닥에 테이프나 물건으로 2미터 정도 길이의 시작점과 도착점을 표시한다. 종을 울리면 아이들이 걷도록 한다. 종이 없으면 선생님이 말로 지시해도 상관없다.

## 놀이 25 천천히 소리 없이 걷기

천천히 의도적으로 걸음을 옮긴다. 한 걸음씩 내딛을 때마다 발과 다리에서 느껴지는 신체 감각을 느낀다.

**삶의 기술** : 집중하기　　　　**대상 연령** : 모든 연령

### 놀이 진행 순서

1. 이제 이쪽 선에서 시작해 아주 천천히 마루를 가로질러 저쪽 선까지 걸어볼 거예요. 걸으면서 발이 바닥에 닿는 느낌을 느껴보세요. 집중하기 좋도록 시선은 약간 아래를 향합니다.
2. 허리를 곧게 펴고, 무릎은 경직되지 않게, 근육은 편안하게 이완한 상태에서 이쪽 선에 서봅니다. 선생님이 종을 울리면 아주 천천히 걸어봅니다.
   (종을 울린다.)
3. 걸음을 걸을 때마다 발의 느낌을 알아차려 봅니다. 발꿈치가 발에 닿는 느낌, 발바닥이 닿는 느낌, 발가락이 닿는 느낌을 느낄 수 있나요?
4. 저쪽 선에 도착했으면 천천히 몸을 돌려 다시 종이 울릴 때까지 선 채로 기다립니다. 선생님이 다시 종을 울리면 천천히 걷기 시작합니다. 선 채로 기다리는 동안에 자신의 호흡에 집중해보세요.
   (다시 종을 울린다. 아이들의 집중력이 흐트러지지 않았다면 계속 걷는다.)

### 지도 방법

1. 바닥에 선을 표시할 때 쓰는 테이프와 시작을 알리는 종이 있으면 좋지만, 없어도 상관없다. 무엇이든 출발점과 도착점으로 삼아 두 지점 사이를 걸으면 된다. 걷기 시작을 알리는 신호로서, 손뼉을 치거나 손가락으로 딱 소리를 내도 좋고 말로 지시해도 된다.
2. 걸으면서 아이들이 자신의 발과 다리의 감각을 알아차리도록 종종 상기시켜주라. 이렇게 하면 아이들이 집중력을 유지하는 데 도움이 되며, 불안하거나 흥분된 상태일 때도 아이들이 진정하는 데 도움이 된다.
3. 어느 정도 걸었으면, 이번에는 아이들이 걷기의 두 동작, 즉 발을 들고 발을 내리는 동작에 주의를 기울이게 한다.
4. 다음으로 아이들이 걷기의 세 동작, 즉 발을 들고 나아가고 내리는 동작에 주의를 기울이도록 한다.
5. 바닥에 출발선과 도착선을 반드시 그어야 하는 건 아니다. 아이들이 놀이의 취지를 이해했다면 출발선, 도착선과 무관하게 더 멀리 걸어도 좋다. 예를 들어, 복도를 따라 걷거나 방을 가로질러 걸어도 좋고, 자연에서 걸어도 좋다.

'천천히 소리 없이 걷기' 수련은 아이들이 자신의 몸을 물리적 공간의 어느 곳에서 어떻게 움직이는가에 대한 자각력을 키워준다. 즉, 자신의 몸이 다른 사람(팔, 다리, 손, 팔꿈치 등)이나 사물(테이블, 의자, 꽃병 등)과의 관계에서 어디에 위치하는지, 그리고 자기 몸이 움직일 때의 성질은 어떠한지(느릿느릿한지, 빠른지, 부드러운지, 뻣뻣한지 등) 깨닫게 해준다. 다음 '풍선 팔' 놀이에서 아이들은 팔을 위아래와 앞뒤로 움직일 때 느껴지는 신체 감각에 주의의 닻을 내리는 연습을 한다.

놀이 26

## 풍선 팔

**팔을 주변 사람들의 동작에 맞춰 위아래 또는 앞뒤로 천천히 움직일 때 느껴지는 신체 감각에 집중하는 훈련을 한다.**

**삶의 기술** : 집중하기 **대상 연령** : 저연령 아동, 고연령 아동

### 놀이 진행 순서

1. 풍선에 공기를 불어넣으면 풍선은 커지고, 공기를 빼면 작아지는 걸 여러분은 알고 있죠?
2. 선생님이 손을 위로 들어 올릴 거예요. 마치, 풍선에 공기를 넣는 것처럼요. 그런 다음엔 손을 아래로 내릴 거예요. 마치 공기가 빠져 풍선이 작아지는 것처럼요.
   (양손의 손가락 끝을 붙인 상태에서 손바닥을 정수리에 댄다. 손가락끼리 서로 붙인 채로 팔을 위로 들어 올려 풍선에 공기가 들어가는 모양을 흉내 낸다. 그 다음, 팔을 아래로 내려 풍선에 공기가 빠지는 모양을 흉내 낸다.)
3. 이제 여러분이 선생님의 동작에 맞춰 따라 해보세요. 팔을 올리고 내릴 때 팔과 등, 목에서 느끼는 신체 감각에 주의를 기울여보세요.
4. 잘 했어요. 이제 몇 번만 더 해볼까요.

### 지도 방법

1. 아이들이 놀이의 취지를 이해했다면, 이제 아이들 스스로 놀이를 리드하도록 한다.
2. 실제 풍선을 시각 도구로 사용해도 좋다.
3. 팔을 움직이는 방향을 바꿔본다. 즉 가슴에 양손을 얹은 상태에서 팔을 앞으로 죽 뻗는다. 그런 다음 다시 가슴 쪽으로 팔을 가져온다.
4. 아이들이 자신의 호흡에 맞춰 팔을 움직여도 좋다.(숨을 들이쉴 때 마치 풍선에 공기가 들어오는 듯 팔을 위로 올리거나 앞으로 뻗고, 숨을 내쉴 때

마치 풍선의 공기가 빠지듯이 팔을 아래로 내리거나 가슴 쪽으로 당긴다.)
**호흡에 맞춰 팔을 움직일 때 서너 차례 이상은 하지 말라. 너무 많이 하면 어지럼을 느끼는 아이도 있다.**

다음 놀이는 나무늘보처럼 천천히 움직이면서 **집중력**을 키우는 놀이이다. 에릭 칼의 어린이 책 『'천천히, 천천히, 천천히'라고 나무늘보가 말했어'Slowly, Slowly, Slowly,' said the Sloth』를 가지고 놀이를 진행해도 좋고, 책이 없으면 아이들이 한쪽 팔과 다리를 천천히 움직이면서 변화하는 몸의 감각에 집중하도록 해도 좋다. 주변 사람이나 물건과 부딪히지 않도록 미리 충분한 여유 공간을 확보한다.

## 놀이 27 나무늘보처럼 천천히

**나무늘보처럼 천천히 슬로모션으로 몸을 움직일 때 우리 몸에서 일어나는 신체 감각에 면밀히 주의를 기울여 집중하는 연습을 한다.**

**삶의 기술** : 집중하기 **대상 연령** : 모든 연령

### 놀이 진행 순서

1. 나무늘보는 행동이 아주 느린 동물이랍니다. 천천히 몸을 움직인다는 게 어떤 건지 한번 해볼까요. 선생님이 하는 것처럼 슬로모션으로 함께 몸을 움직여봐요.
(선생님이 먼저 시범을 보인다. 선생님이 직접 아주 천천히 팔을 움직이면

서 어깨, 등, 목에서 느껴지는 신체 감각을 아이들에게 말로 표현해준다.)

2. 그럼, 준비되었나요? 몸을 움직일 때 주변 사람이나 물건과 부딪히지 않도록 주변에 충분한 공간을 두세요.
3. 이제 먼저 한쪽 다리를 천천히 들어봅시다. 이렇게 다리를 들어 올릴 때 다리뿐 아니라 몸 전체에서 어떤 느낌이 일어나는지 관찰해보세요.
4. 잘 했어요! 이제 천천히 다리를 내립니다. 그런 다음 이번에는 아주 천천히 슬로모션으로 상체를 앞으로 숙여 손이 바닥에 닿도록 합니다. 바닥에 손을 짚은 채로 잠시 가만히 있어봅니다. 이때 몸의 감각이 바뀌는지, 아니면 그대로인지 관찰해보세요.
5. 천천히 상체를 세운 다음, 이번에는 머리를 천천히 좌우로 기울여봅니다. 머리를 기울일 때 목에서 어떤 느낌이 드는지 관찰해보세요. 목뿐 아니라 다른 신체 부위에서도 느낌이 느껴지나요? 이제 눈을 감고 해보아요. 어떤 느낌이 드나요?

### 지도 방법

1. '나무늘보처럼 천천히' 놀이와 '풍선 팔' 놀이는, 아이들이 줄을 서서 기다리거나 특정 활동에서 다른 활동으로 넘어갈 때 집중력을 기르기에 좋은 방법이다.
2. 이 두 놀이는 아이들이 서로 돌아가며 놀이를 리드하는 기회로 삼아도 좋다.
3. 에릭 칼이 쓴 『'천천히, 천천히, 천천히'라고 나무늘보가 말했어』로 다음과 같이 아이들이 슬로모션으로 몸을 움직이는 법을 가르칠 수 있다.
   - "천천히, 천천히, 천천히"라는 표현을 반복하는 이야기를 들려줄 거라고 아이들에게 말하라. 이 세 단어를 듣고 아이들이 슬로모션으로 천천히 한쪽 팔을 들게 한다. 이때 팔과 어깨, 등, 목에 느껴지는 느낌에 가만히 주의를 기울이도록 한다.
   - 선생님이 천천히 팔을 들어 올리는 동작을 보여주면서 이때 느끼는 신체 감각을 아이들에게 말해준다. 그런 다음, 아이들에게 책을 읽어준다.
   - 책을 읽으면서 "천천히, 천천히, 천천히"라는 구절을 읽을 때마다 선생님이 천천히 팔을 들어 올려 아이들이 이 동작을 따라 하도록 한다.
   - 책에서 재규어가 나무늘보에게 "넌 왜 그렇게 게으르니?"라고 질문을

던지는 장면을 읽고 나서 잠시 멈추어 아이들에게 이렇게 물어본다. "여러분은 나무늘보가 천천히 움직이는 게 게을러서라고 생각해요?" 아이들의 대답을 들어보고 난 뒤, 다음 페이지를 넘겨 나무늘보의 대답을 읽어준다.

- 책에서 "천천히, 천천히, 천천히"라는 구절을 마지막으로 읽으면서 선생님이 슬로모션으로 팔을 들어 올린다.

아이들과 부모들이 명상을 처음 시작할 때 마음챙김 호흡부터 시작하는 경우가 많다. 마음챙김 호흡은 호흡 감각에 주의의 닻을 내리는 방법이다. 그런데 호흡에 **집중하는** 방법을 쉽게 느끼는 아이와 부모도 있지만, 어떤 이들은 어려워한다. 호흡을 닻으로 삼기 좋아한다 해도, 때로 이 방법에 싫증을 느낄 수 있고, 그러면 이 방법이 더 이상 자신에게 효과가 없다고 여길 수 있다. 이 같은 사례가 종종 있으므로, 호흡만이 아니라 다른 닻으로 시험해볼 필요가 있다. 몸의 움직임, 신체 감각, 주변 소리, 이미지, 단어 등은 모두 집중을 계발하는 주의의 닻으로 손쉽게 사용할 수 있는 것들이다.

주의의 닻을 내리는 방법으로 흔히 사용되는 또 하나의 방법이 사물을 부드럽게 응시하는 방법이다. 내가 아들과 함께 처음 마음챙김을 시작했을 때 우리 두 사람은 방석에 앉아 노란색 고무 오리를 응시했다. 아들이 오리를 지루해하면 밝은 녹색의 개구리 인형으로 바꿔주었다. 그리고 아들이 좀 크고 난 뒤에는 부드러운 표면의 돌을 함께 응시했다.

# 8장
## 평화로운 마음을 시각화하기

시각화를 연습할 때 아이들과 십대들은 머릿속에 그린 이미지와 그에 연관된 신체 감각에 주의의 닻을 내린다. 다른 모든 것을 제외한 채 오로지 하나의 대상에만 집중하는 시각화 연습은 아이들의 **집중력**과 한곳에 모으는 주의력을 키우는 닻 놀이이다. 8장에서 소개할 시각화 놀이는 고전적 명상 규범의 핵심 요소인 '자애 수련loving-kindness practices'에 근거한 것이다. 자애는 모든 생명체에 대한 깊은 감사의 마음을 일으키고 공감과 자비의 마음을 키워, 앞에 소개한 닻 놀이를 한 차원 더 의미 있는 활동으로 만들어준다.

### 놀이 28 상상으로 껴안기

**평화로운 장소에서 행복하고 건강하고 재미있는 시간을 보내고 있는 나의 가족과 친구, 나 자신의 모습을 머릿속으로 상상해본다.**

**삶의 기술** : 집중하기, 돌보기 **대상 연령** : 저연령 아동

### 놀이 진행 순서

1. **지도 포인트** : 지금 하고 있는 일이 아닌 다른 무언가를 한다는 것이 어떤 의미일까? 지금 있는 곳이 아닌 다른 장소에 있다고 상상한다는 건 무슨 의미일까? 내가 소중하게 여기는 소중한 사람을 껴안는 것은 어떤 느낌일까? 내가 껴안으려고 하는 사람이 지금 나와 같은 방에 있지 않다면 상상 속에서라도 그 사람을 껴안을 수 있을까? 한번 시도해보자.
2. 허리를 곧게 펴고 몸은 편안하게 한 채로 양손은 부드럽게 무릎 위에 올리세요. 눈을 감고 몇 차례 함께 숨을 쉬어봅시다. 선생님이 눈을 뜨고 방을 살피고 있을 테니 걱정 말고 눈을 감아도 좋아요.
3. 친구나 가족과 함께 가고 싶은 평화로운 장소를 머릿속에 떠올려봅니다. 여러분이 아는 장소도 좋고(집 뒷마당), 알지만 한 번도 가보지 않은 장소도 좋습니다(다른 나라). 또 (『곰돌이 푸』에 나오는 '헌드레드 에이커 숲'처럼) 순전히 상상 속의 장소라도 상관없어요.
   (두 명 이상의 아이를 상대로 수련을 지도할 때는, 상상 속의 장소를 정했다면 아이가 머리 위에 한 손을 얹은 채 기다리도록 한다. 모든 아이가 평화로운 장소를 정할 때까지 기다린 다음, 이어서 진행한다.)
4. 마음속으로 정한 평화로운 장소에서 여러분이 무언가를 느끼고 보고 만지고 듣고 맛보고 냄새 맡는다고 상상해보세요. 오븐에서 굽고 있는 맛있는 초콜릿 쿠키의 냄새를 맡을 수도 있고, 폭포수가 바위에 부딪힐 때 내는 소리를 들을 수도 있을 거예요.
5. 이제, 나 자신에게 친절하고 선한 바람을 보내봅시다. 선한 바람은 나 자신 혹은 다른 사람이 평화롭고 행복하고 잘 되기를 바라는 마음입니다. 자, 나 자신을 한껏 껴안아주세요. 평화로운 장소에서 재미있는 시간을 보내고 있는 자신을 상상하면서 이렇게 말해주세요. "멋진 하루를 보내고 싶어. 친구들과 재미있게 놀면서 말이야." 이 바람을(또는 다른 바람을) 자기 말로 풀어 마음속으로 여러분 자신에게 들려주세요.

6. 다음으로, 우리가 좋아하는 사람을 머릿속으로 안아줍니다. 팔을 여러분의 가슴 앞에서 둥그렇게 한 다음, 여러분이 껴안고 싶은 사람을 생각해봅니다. 여러분이 정한 평화로운 장소에서 그 사람이 여러분과 함께 있다고 상상해봅니다. 그 사람이 미소를 짓고 있고, 여러분과 그 사람이 서로를 껴안고 있습니다. 이제 속으로 이렇게 말해보세요. "당신이 행복하기를. 멋진 하루를 보내기를. 당신에게 필요한 것을 갖게 되기를."
7. 여러분이 안아주고 싶은 사람, 여러분의 평화로운 장소에 초대하고 싶은 사람이 또 있나요? 그 사람들 모두를 안아줄 수 있도록 여러분의 팔을 더 크게 벌려보세요. 모두가 미소 짓거나 웃고 있는 모습을 떠올려보고, 그들 모두를 안아준다고 상상해보세요. 그런 다음, 그들에게 친절하고 선한 바람을 보내보세요. "여러분 모두가 행복하고 건강하고 튼튼하기를. 오늘 재미있는 시간을 갖기를. 가족과 친구의 큰 사랑을 느끼기를."
8. 팔을 넓게 벌리고 지구 전체가 평화로운 곳이라고 상상해보세요. 그리고 지구를 껴안아주면서 속으로 이렇게 말해보세요. "모든 사람이 오늘 행복했으면 좋겠어. 모든 사람이 행복하고 안전하며, 평화롭고 만족했으면 좋겠어." 이 말을 그대로 따라해야 하는 건 아니에요. 얼마든지 여러분의 말로 바꿔서 바람을 보내도 좋아요.
9. 이제 눈을 뜨세요. 크게 숨을 들이쉬면서 양손을 하늘 높이 뻗어보세요. 그리고는 숨을 내쉬면서는 양손을 다시 무릎 위에 내려놓아요.
10. **지도 포인트** : 자기 자신을 껴안아주고 자신에게 선한 바람을 보내는 것이 어떤 느낌인가? 누군가 다른 사람을 상상으로 껴안아주고 선한 기원을 보내는 건 또 어떤 느낌인가?

#### 지도 방법

1. 눈을 뜨고 있으면 아이들이 무언가를 머릿속으로 상상하기가 어려울 수 있다. 그런데 사람들이 가득한 방에서 눈을 감고 있는 걸 불편해하는 아이도 있다. 이럴 때는 선생님이 눈을 뜨고 방을 살피고 있겠다고 말해준다.
2. 아이가 흥분한 상태일 때 스스로를 안아주면 진정하는 데 도움이 된다. 자기 진정 효과가 있는 신체 감각 요소를 '상상으로 껴안기' 놀이에 추가해도 좋다. 구체적으로는 아이들이 스스로 자신의 등을 두드리게 함으로써 자기

가 잘 해낸 일에 대해 축하하고 칭찬하는 방법이 있다. 놀이를 시작하기 전에, 아이가 방금 끝낸 일 – 숙제나 부엌일을 돕는 것 등 – 에 대해 스스로 등을 두드리게 한다. 아니면 놀이를 마친 뒤에, 선한 바람을 보내는 자애 수련을 한 자신의 등을 스스로 두드리게 해도 좋다.

3. 이 놀이를 마친 뒤 간단한 확인 작업을 통해, 자신을 진정시키는 데 사용할 만한 다른 신체 감각도 있다는 것을 아이들에게 상기시킬 수 있다. 예컨대 노래를 부르고 음악을 듣거나(청각), 거품 목욕을 하거나(촉각), 맛있는 것을 천천히 먹거나(미각), 자연에서 걷거나(시각), 손을 가슴에 얹어 호흡을 느껴봄으로써(촉각) 자신을 진정시킬 수 있다.

'상상으로 껴안기' 놀이는 저연령 아동을 상대로, 친절하고 선한 바람을 보내는 연습을 할 때 내가 자주 하는 놀이이다. 그런데 나는 고연령 아동이나 청소년들과 친절 놀이를 할 때면 다음과 같은 시각화 놀이로 시작한다. 부모가 자녀와 함께 친절 시각화 놀이를 할 때 반드시 기억해야 하는 점이 있다. 아이들과 십대들이 친절 시각화 놀이를 특정 사람이나 그룹에 대해 자신이 느끼는 감정을 변화시키라는 은근한 권유로 잘못 받아들일 수 있다는 점이다. 다시 말해 아이들은 친절 시각화 놀이를 자기가 '좋아하지 않는' 사람을 '좋아하라'는 권유로 받아들일 수 있다.

그러나 실제로 친절 시각화 놀이는 아이가 현재 느끼고 있는 감정을 다른 것으로 바꾸라고 요구하지 않으며, 단지 열린 마음을 유지하라고 요청할 뿐이다. '그래도 괜찮아' 놀이나 '좋은 것 세 가지' 놀이 등의 감사 놀이가 일상의 축복뿐 아니라 일상의 힘든 일까지 품어 안는 큰마음을 계발시키는 것처럼, 친절 놀이의 목적은 아이들이 서로 충돌하는 생각들을 동시에 마음에 품어 안도록 부드럽게 초대하는 데 있다. 친절 시각화 놀이를 하기 전에 아이들에게, 자기를 존중하거나 제대로 대우하지 않는 사람을 좋아하지 않는, 응당한 이유가 많다는 점을 떠올려주라. 그 사람과 함께 시간을 보내지 않는, 마땅한 이유도 충분히 많을 수 있다고 말해주라. 중요한 것은 고연령 아동과 청소년들이 누군가에 대해 하나 이상의 여러 감정을 동시에 느낄 수 있음을 기억하도록 하는 것이다. 즉 아이들은 설령 자기가 좋아하지 않고 존경하지 않는 사람이라도 그에게 좋은 바람을 보낼 수 있음을 알아야 한다.

친절 시각화 놀이는 놀이를 하는 사람의 연령과 무관하게 강렬한 감정, 고통, 부정적인 느낌을 불러올 수 있다. 만약 아이들과 청소년들이 누군가에게 선한 바람을 보내는 걸 불편해 한다면 굳이 강요하지 않는 편이 좋다. 그렇지만 다음 놀이로 넘어가기 전에 아이들에게 다른 놀이를 해보자고 제안할 수는 있다.

'걸음걸음마다 친절' 놀이(146쪽)는 친절 시각화 놀이를 어려워하거나 가만히 있기를 힘들어하는 아이들에게 적합한 놀이이다.

'세상을 위한 바람'(227쪽)은 저연령 아동들이 해보기에 적합한 놀이이다. 사랑스러운 동물을 상대로 선한 바람을 보낼 수도 있는데, 이 방법은 특히 친절 놀이를 부담스러워하는 아이들이 하기에 좋다. 이 방법으로도 아이가 여전히 불편해한다면 그냥 다음 놀이로 넘어가도 좋다. 책의 후반부에 소개하는 인간관계를 주제로 하는 마음챙김 놀이 중 하나를 해볼 수 있다.

놀이 29

## 선한 바람 보내기

**모든 사람이 행복하고 안전하고 건강하고 평화롭게 살아가는 모습을 상상해 봄으로써 친절한 마음과 집중력을 연습한다.**

---

**삶의 기술** : 집중하기, 돌보기　　　　**대상 연령** : 모든 연령

---

### 놀이 진행 순서

1. 바닥에 등을 대고 누우세요. 양다리는 죽 뻗은 채로 양팔은 몸통 옆에 편안히 두세요. 눈을 감는 게 편하면 감아도 좋습니다.
2. 머리가 바닥이나 베개에 놓여 있는 느낌을 한번 느껴보세요. 양팔과 양손이 바닥으로 편안하게 빠져 들어가는 것처럼 느껴보세요. 등과 허리, 양다리와 발도 편안하게 바닥으로 들어가는 듯이 느껴봅니다.

3. 이제 우리 함께 선한 바람을 보내볼 거예요.
   (아이들을 다음의 시각화 연습으로 안내한다. 반드시 똑같은 표현을 사용하지 않아도 좋다. 지도하는 선생님이 유사한 의미의 다른 표현을 사용해도 된다.)
4. 이제 여러분이 행복하다고 상상해보세요. 미소 짓고 있다고, 웃고 있다고, 재미있게 놀고 있다고 상상해보세요. 지금 당장 행복하다고 느끼지 않아도 괜찮아요. 그저 여러분이 웃고 있고, 친구들과 함께 놀고 있고, 여러분이 좋아하는 걸 지금 하고 있다고 상상해보세요.
5. 그런 다음 속으로 이렇게 말해보세요. "나는 오늘 행복하고 싶어. 그리고 다른 사람에게 도움을 주고 싶어. 건강하고 튼튼했으면 좋겠어. 평화롭고 만족할 수 있었으면 해. 사랑을 많이 주는 사람이 되고 싶어." 이렇게 속으로 말해도 좋고, 여러분의 바람을 여러분 자신의 말로 속으로 이야기해도 좋아요.

6. 이제 여러분의 바람이 따뜻한 느낌을 만들어낸다고 상상해보세요. 여러분이 주의를 기울이면 따뜻한 느낌은 점점 커질 거예요. 따뜻한 느낌이 여러분의 심장 근처에서 나온다고 상상해보세요. 말없이 속으로 선한 바람을 보내보세요. 그러면서 그 따뜻한 느낌이 여러분의 손가락, 발가락, 머리 정수리에 도달한다고 상상해보세요. 이제 이 따뜻한 느낌이 여러분의 몸 전체를 가득 채울 거예요.
7. 이제 이 느낌에 색깔이 있다고 상상해보세요. 그것은 파란색, 붉은색, 노란색 등 여러분이 좋아하는 어떤 색깔이라도 괜찮아요. 이 아름다운 색깔들이 여러분의 몸 전체를 가득 채운다고 상상해보세요. 가득 채운 다음에는 여러분의 손가락, 발가락에서 흘러나와 방으로 흘러넘친다고 상상해보세요.
8. 이제 방 안의 다른 사람들이 여러분이 보내는 따뜻한 느낌과 여러분의 몸에서 나오는 아름다운 색깔들을 눈으로 본다고 상상해보세요. 그들은 미소를 짓고 있고, 행복해 보여요. 그들에게 속으로 이렇게 말해보세요. "나는 당신이 튼튼하고 건강하기를 바랍니다. 당신이 평화롭고 안전하고 만족하기를 바랍니다. 당신이 필요한 것을 갖게 되기 바라고, 당신이 커다란 사랑을 느끼기를 바랍니다." 이런 바람을 속으로 반복해서 보내봅니다. 아니면 다른 바람을 선택해 여러분 자신의 말로 바꿔도 좋아요.

9. 이제 여러분이 만들어내고 있는 편안하고 따뜻한 느낌과 아름다운 색깔들이 아주 커져서 방 바깥으로 흘러넘친다고 상상해보세요. 그 따뜻한 느낌이 점점 커져 이제는 지구상의 모든 사람과 동물, 사물에 가닿는다고 상상해보세요. 그리고 여러분이 보내는 선한 바람을 느꼈으면 하는 모든 사람이 그것을 느낀다고 상상해보세요. 여러분이 보내는 바람을 감지한 그들이 미소 짓는 모습을 머릿속에 그려보세요. 속으로 조용히 이렇게 말해보세요. "당신이 행복하기 바랍니다. 당신이 필요한 것을 갖게 되기를 바랍니다. 당신이 튼튼하고 건강하기를 바랍니다. 당신이 사랑을 받고 있다고 느끼고, 스스로 가치 있다고 느끼기를 바랍니다. 그리고 돌봄을 받고 있다고 느끼기 바랍니다." 이런 바람을 그대로 보내도 좋고, 여러분의 자신의 말로 바꿔서 보내도 좋습니다.

10. 이제 천천히 눈을 뜨고, 여러분의 몸이 바닥에 놓여 있는 느낌을 다시 한 번 느껴봅니다. 천천히 몸을 일으켜 세워 마무리를 짓습니다. 심호흡을 하면서 자신이 지금 어떤 느낌인지 관찰해봅니다.
11. **지도 포인트** : 당신이 다른 사람과 지구, 당신 자신에게 보내고 싶은 바람에 어떤 것이 있는지 예를 들 수 있는가? 선한 바람을 보낼 때 당신은 어떤 느낌이 드는가?

지도 방법

1. '1부 **고요하게 하기**'에서 아이들은 마음이 몸에 영향을 주는 다양한 방식, 그리고 몸이 마음에 영향을 미치는 서로 다른 방식에 대해 생각해보았다. 그 대화를 이제 친절 시각화 놀이에 적용할 수 있다. 즉, 선한 바람을 보내기 전과 후에 어떤 느낌의 차이가 있었는지 알아차리도록 아이들에게 요청할 수 있다.

다음 소개하는 '선한 바람과 함께 자장자장' 은 저연령 아동들에게 공감과 자비의 마음을 키워주는 놀이이다. 처음에는 호흡을 집중의 닻으로 삼는 집중력 놀이로 시작한 뒤, 마음속의 심상을 닻으로 사용해 집중력을 키우는 친절 시각화 놀이로 발전시킨다. 먼저, 봉제동물 인형이나 베개, 콩주머니, 쿠션 등 부드럽고 약간 무게감 있는 물건을 아이들의 배에 올려둔다.

놀이 30

## 선한 바람과 함께 자장자장

**봉제 동물인형을 배 위에 두고 자장자장 잠을 재우며 몸을 편안하게 이완하고 마음을 고요히 가라앉힌다. 숨을 들이쉬면 동물인형이 위로 오르고 숨을 내쉬면 동물인형은 아래로 내려간다.**

---

**삶의 기술** : 집중하기, 돌보기

**대상 연령** : 저연령 아동(고연령 아동들과 십대를 대상으로 할 때는 조금 변형시켜 적용함)

---

### 놀이 진행 순서

1. 등을 바닥에 대고 눕습니다. 다리를 죽 뻗은 채로 양팔은 몸통 곁에 가지런히 둡니다. 눈을 감는 게 편하다면 감아도 좋습니다. 이제 여러분의 배 위에 선생님이 동물인형을 하나씩 올려놓을 거예요.
(고연령 아동들과 십대를 상대로 할 때는 동물인형 대신 베개나 쿠션, 기타 부드럽고 약간 무게감 있는 물건을 놓는다.)
2. 여러분의 머리 뒤통수가 바닥에 닿는 느낌을 느껴보세요. 이제 어깨, 등, 팔, 손, 허리, 다리, 발에서 느껴지는 느낌을 차례대로 느껴봅니다. 배 위에 올려놓은 동물인형을 톡톡 두드리면서 어떤 느낌이 드는지도 살펴보세요.
3. 이제 숨을 들이쉬고 내쉬는 느낌을 느껴봅니다. 이때 배 위에 올려놓은 동물인형이 여러분이 숨을 들이쉬고 내쉴 때 함께 움직이는 걸 느낄 수 있을 거예요. 그 느낌을 느껴봅니다. 이렇게 편안히 있을 때 여러분의 몸과 마음에서 무언가가 바뀌는 것이 느껴지나요?
(1~3분 정도 기다린 뒤 다음 지시로 넘어간다.)
4. 숨에 집중하기 어렵다면 여러분 배 위의 동물인형이 올라갈 때는 '위로' 라고 속으로 말해봅니다. 그리고 동물인형이 아래로 내려갈 때는 '아래로' 라고 속으로 속삭여봅니다.
5. 이제 여러분의 몸이 어떤 느낌인지 살펴봅니다. 뒤통수가 바닥에 닿는 느낌을 느껴보고, 차례대로 등과 팔, 손, 허리, 다리, 발도 느껴봅니다.

6. 이제 선한 바람을 보내는 것으로 놀이를 마무리할게요. 우선 자신에서부터 시작해봐요. 다음처럼 속으로 자기 자신에게 선한 바람을 보내봅니다. 아니면 다른 바람을 택해 여러분 자신의 말로 바꿔도 괜찮아요. "나는 행복하고 싶어. 오늘 다른 사람에게 도움을 주고 싶고, 튼튼한 아이가 되고 싶어. 친구, 가족들과 재미있게 지내고 싶어."
7. 다음으로 여러분이 좋은 바람을 보내주고 싶은 사람을 머릿속에 떠올려보세요. 그런 다음 속으로 이렇게 말해봅니다. "당신이 행복하고 건강하고 튼튼하기를 바랍니다. 당신이 오늘 평화롭기를, 그리고 가족, 친구들과 좋은 시간을 갖기를 바랍니다." 이런 바람을 속으로 여러 번 반복해서 보냅니다. 아니면 다른 바람을 택해 여러분 자신의 말로 바꿔 보내도 좋습니다.
8. 여러분이 선한 바람을 보내고 싶은 사람이 더 있나요? 그들을 머릿속에 떠올린 다음 속으로 조용히 말해봅니다. "당신이 행복하고 튼튼하고 건강하기를 바랍니다. 당신이 평화롭고 안전하기를 바랍니다. 당신이 멋진 하루를 보내기를 바랍니다." 이 바람들을 반복해서 보내봅니다. 아니면 여러분이 친구와 가족에게 보내고 싶은 다른 바람을 택해 속으로 조용히 말해도 좋습니다.
9. 이제 지구에 사는 모든 사람에게 선한 바람을 보내봅시다. 여러분 자신의 말로 조용히 다음처럼 말해보세요. "모든 사람이 행복하고 건강하고 안전하고 평화롭게 살기를 바랍니다."
10. 이제 눈을 뜨고 여러분의 몸이 바닥에 닿아 있는 느낌을 다시 한 번 느껴봅니다. 그런 다음 천천히 몸을 일으킵니다. 이제 크게 숨을 들이쉬면서 하늘을 향해 두 손을 죽 뻗어봅니다. 그리고 숨을 내쉬면서는 들었던 양 손을 무릎으로 다시 내립니다.

명상하는 사람들은 흔히 나이와 상관없이, 자신에게 선한 바람을 보내기를 어려워한다. 또 연령과 무관하게, 자기를 부당하게 대우하는 사람에게 좋은 바람을 보내기를 어려워하는 – 불가능한 것은 아니지만 – 명상가도 많다. 인사이트LA라는 명상 단체의 창립자이자 선임 지도자인 트루디 굿맨 박사는 '불편한 사람에게 보내는 선한 바람'이라는 다음 놀이를 어려워하는 아이들을 위해 그 놀이를 **새롭게 바라보는** 새로운 방법을 소개한다. 만약 아이들이 선한 바람을 보내는 행위가 불편해하는 사람을 위한 것이 아니라 자기 자신을 위한 것임을 이해한다면, 무력감, 분노, 좌절감 같은 고통스러운 감정에서 벗어나는 간단하면서도 효과적인 방법이 될 수 있다. '불편한 사람에게 보내는 선한 바람' 놀이는 아이들이 지금 누군가에 대해 갖는 느낌을 바꾸어야 한다거나 자기가 좋아하지 않는 사람을 좋아해야 한다는 의미가 아니다. 또 함께 있기 어려운 사람과 시간을 보내면 더 훌륭한 사람이 된다는 의미도 아니다. 친절 놀이를 하고 난 뒤의 나눔 시간을 통해 힘겨운 사람, 특히 자신에게 친절하지 않거나 자신과 타인을 위한 선택을 내리지 않는 사람들을 피해가는 것이 현명할 수도 있음을 아이들에게 상기시킬 수 있다.

'불편한 사람에게 보내는 선한 바람' 놀이를 할 때 조심해야 하는 몇 가지가 있다. 어린 아이들은 아직 발달상으로, 누군가에게 좋은 바람을 보내는 것과 그 사람을 좋아하는 것이 서로 다르다는 점을 이해하기에 한계가 있다. 십대와 고연령 아동이라면 부정적 감정이 강하게 일어나는 사람이 아니라 자기를 '귀찮게 하고' '신경을 건드리는' 정도의 사람을 택하게 하라. 그리고 아이들에게 자기를 가장 귀찮게 하고 성가시게 하는 사람은 자기가 가장 사랑하는 사람일 수 있음을 떠올려주라. 이것은 티격태격 신경을 건드리는 형제자매 사이에서 아이들에게 도움 되는 깨달음을 줄 수 있다.

놀이 31

## 불편한 사람에게 보내는 선한 바람

**내가 '불편해하는' 사람을 떠올리고 그가 잘 되기를 빌어준다.**

**삶의 기술** : 새롭게 보기, 돌보기, 연결하기 **대상 연령** : 고연령 아동, 십대들

### 놀이 진행 순서

1. 편안한 자세로 자리에 눕거나 의자에 앉은 채로 눈을 감아봅니다.
2. 함께 있기에 불편하지만 잘 되기를 빌어주고 싶은 사람을 택해 그 사람의 모습을 마음에 떠올려봅니다.
3. 여러분이 행복하다고 상상해봅니다. 여러분이 미소 짓고, 웃으며, 재미있는 시간을 보내고 있다고 상상합니다. 지금 당장 행복하지 않아도 걱정하지 않습니다. 그저 웃고 있는 자신의 모습을 머릿속에 그려봅니다. 친구들과 즐거운 시간을 보내고 있는 자신, 좋아하는 일을 하고 있는 자신을 떠올려봅니다.
4. 그런 다음 여러분 자신의 말로 다음처럼 속으로 말해봅니다. "나는 행복하고 싶어. 나는 건강하고 튼튼하기를 바라. 나는 사랑을 많이 주는 사람이고 싶어. 그리고 만족하고 평화롭고 싶어."
5. 이제 이 따뜻한 느낌에 가만히 주의를 기울이자 그것이 점점 커진다고 상상해봅니다. 그 따뜻한 느낌이 여러분의 심장 근처에서 흘러나온다고 상상합니다. 자신에게 선한 바람을 보내면 그 따뜻한 느낌이 여러분의 손가락과 발가락, 얼굴, 그리고 머리 정수리에까지 가 닿는다고 상상합니다. 그 따뜻한 느낌에 색깔이 있다고 생각합니다. 그 색깔이 여러분의 심장에서 흘러나와 여러분의 몸을 통해 흘러 방으로 나오는 모습을 눈으로 보고 있다고 상상합니다.
6. 좋은 바람을 보내기가 힘든 사람이 있다면 그 사람의 모습을 다시 마음속에 떠올립니다. 여러분이 그 사람에게 느끼는 감정을 변화시켜야 하는 것은 아닙니다. 여러분 자신의 말로, 다음처럼 마음속으로 말해보세요. "나는 당신

이 건강하고 만족하기를 바랍니다. 당신이 안전하고 평화롭기를 바랍니다." 여러분이 편안하게 느끼는 말과 좋은 바람을 선택해 속으로 반복해봅니다.

7. 이제 눈을 뜹니다. 바닥에 누워 있다면 천천히 몸을 일으킵니다. 한 차례 깊은 호흡을 한 다음 여러분이 지금 어떻게 느끼고 있는지 관찰합니다.
8. **지도 포인트** : 선한 바람을 보내기 전에 당신은 어떤 느낌이었나? 선한 바람을 보내는 것이 쉬웠는가, 어려웠는가? 불편한 사람에게 선한 바람을 보내고 난 뒤에는 어떤 느낌이 들었는가? 그 사람을 보는 당신의 관점이 바뀌었는가?

선한 바람을 보내는 데 반드시 방이 조용해야 한다거나 주변 사람이 움직이지 않고 가만히 있어야 하는 건 아니다. 부모들이라면 사람 많은 마트에서 카트를 끄는 중에, 만원 지하철을 탄 채로, 또는 자동차 핸들을 잡은 채로도 선한 바람을 보낼 수 있다. 아이들이라면 점심시간에 배식을 기다리는 중에, 스쿨버스를 타고 가는 중에, 또는 농구 시합의 관람석에 앉아서도 선한 바람을 보낼 수 있다. 그리고 누구라도 분주한 인도를 걸어가는 중에, 또는 영화관에 앉아 영화가 시작되기를 기다리면서도 선한 바람을 보낼 수 있다.

'천천히 소리 없이 걷기' 놀이에서 아이들은 의도적으로 걸음을 옮기면서 자신의 발과 다리에서 느끼는 감각에 주의를 두었다. 다음 소개하는 '걸음걸음마다 친절'이라는 다음 놀이에서도 아이들은 소리 없이, 천천히 의도적으로 걸음을 걷는다. 하지만 이 놀이에서 아이들은 한 걸음을 걸을 때마다 선한 바람을 보낸다. 두 놀이 모두에서 아이들은 시작점과 도착점 사이를 왔다 갔다 한다. 테이프를 붙여 걷기 시작하는 지점과 멈추는 지점을 표시하고, 종을 울려 언제 걸음을 시작하는지 알게 하면 좋지만 필수사항은 아니다. 아이들은 어디든 시작점과 도착점으로 정해 오가도 상관이 없다. 또 걸음을 시작하라는 신호를 종이 아니라 선생님이 직접 말로 해도 된다.

놀이 32

## 걸음걸음마다 친절

**천천히 의도적으로 걸음을 걷는다. 한 걸음 걸을 때마다 마음으로 선한 바람을 보낸다.**

**삶의 기술** : 집중하기, 돌보기 **대상 연령** : 모든 연령

### 놀이 진행 순서

1. 지금부터 우리가 이쪽 선에서 걷기 시작해 저쪽 선까지 천천히 걸어볼 거예요. 걸음을 걸을 때마다 속으로 선한 바람을 보내봅니다. 집중하기 쉽도록 시선은 약간 아래로 향합니다.
2. 선생님이 종을 울리면 천천히 저쪽 선까지 걷습니다.
   (종을 울린다)
3. 발걸음을 옮길 때마다 여러분 자신에게 속으로 선한 바람을 보냅니다. "내가 행복하고 튼튼하기를. 내가 평화롭고 만족하기를. 나의 오랜 상처가 아물기를." 이렇게 바람을 보내도 좋고, 여러분이 더 편안하게 여기는 바람을 택해 속으로 반복해도 좋습니다.
4. 저쪽 선에 도착하면, 천천히 몸을 돌려 선생님이 종을 울릴 때까지 기다립니다. 선생님이 종을 울리면 다시 천천히 걷기 시작합니다. 걸음을 멈춘 채로 기다리는 동안 여러분 자신에게 선한 바람을 계속 보냅니다.
   (모든 아이가 저쪽 선에 도착할 때까지 기다린 다음 종을 울린다.)
5. 이제 처음 선으로 돌아가 봅시다. 이번에는 걸음을 걸을 때마다 여러분이 좋아하는 사람에게 선한 바람을 보내보세요. 여러분 자신의 말로 이렇게

말해봅니다. "당신이 행복하기를. 당신이 안전하고 튼튼하고 건강하기를." 반대쪽 선에 도착하면 천천히 몸을 돌려 선생님이 종을 울릴 때까지 기다립니다. 선생님이 종을 울리면 다시 이쪽 라인을 향해 걷기 시작하라는 신호입니다. 서서 기다리는 동안 계속해서 선한 바람을 보내봅니다.

(종을 울린다.)

6. 다시 한 번 해볼게요. 이번에는 걸음을 옮길 때마다 여러분이 잘 모르는 사람 또는 전혀 알지 못하는 사람에게 선한 바람을 보내봅니다. 여러분 자신의 말로 다음과 같이 말해봅니다. "당신이 만족하기를. 당신이 필요한 것을 갖게 되기를." 반대쪽 선에 도착하면 천천히 몸을 돌려 선생님이 종을 울려 다시 걸으라고 할 때까지 기다립니다. 기다리는 동안, 선한 바람을 계속해서 보냅니다.

   (저연령 아동을 상대로 이 놀이를 할 때는 아래 7번 지침은 생략하고 8번으로 바로 넘어간다.)

7. 이제 이쪽 선에서 저쪽 선까지 걸으면서 걸음을 옮길 때마다 여러분이 곤란하게 여기는 사람을 향해 선한 바람을 보낼 차례입니다. 여러분을 귀찮게 하고 성가시게 하는 한 사람을 머릿속에 떠올립니다. 부정적인 감정이 너무 많이 일어나는 사람이라면 떠올리지 않는 것이 좋습니다. 여러분 자신의 말로 다음처럼 속으로 말해보세요. "나는 당신이 행복하기를 바랍니다. 당신이 평화롭고 만족하기를 바랍니다." 여러분이 편안하게 할 수 있는 말과 바람을 택해 속으로 반복해서 보내봅니다. 관계가 불편한 사람에게 선한 바람을 보내고 싶은 마음이 들지 않아도 괜찮습니다. 이럴 때는 다른 사람을 선택해도 좋고, 여러분이 기르는 애완동물이나 여러분 자신에게 선한 바람을 보내도 좋습니다. 반대쪽 선에 도착하면 천천히 몸을 돌려 선생님이 종을 울릴 때까지 기다립니다. 기다리는 동안에도 계속해서 선한 바람을 보내봅니다.
8. 이제 걸음걸음마다 지구를 향해 선한 바람을 속으로 보내봅니다. 지구 위에 사는 모든 사람과 사물을 향해 선한 바람을 보내봅니다. 여러분 자신의 말로 다음처럼 말해보세요. "나는 모든 사람이 행복하고 건강하고 안전하기를 바랍니다. 우리 모두가 튼튼하고, 함께 평화롭게 살기를 바랍니다. 모든 사람이 자기에게 필요한 것을 갖기 바랍니다."

(어느 정도 연습한 다음에는 바닥에 선을 표시하지 않고 아이들이 더 멀리 까지 자유롭게 걸을 수 있도록 한다.)

**지도 방법**

1. 이 놀이에 조금 변화를 주어, 친절보다는 감사의 주제를 더 강조할 수도 있다. '걸음걸음마다 감사'라는 놀이를 하는 것이다. '걸음걸음마다 친절' 놀이와 지침은 동일하다. 다만 차이점은, 아이들이 걸음을 걸을 때마다 자기가 고마움을 느끼는 사람에게(또는 사물에게) 속으로 '감사합니다'라고 말하는 것이다.

성인을 대상으로 한 자애 명상의 효과는 과학적인 연구가 많이 이루어지고 있다. 자애 명상을 조금만 하더라도 장기적으로 이로운 영향을 받는다는 것이다. 스탠퍼드 대학 '자비와 이타심 연구 및 교육센터'의 과학 부문 책임자이자 『해피니스 트랙The Happiness Track』의 저자인 엠마 M. 세펠라는 〈사이콜로지 투데이〉 온라인 판에, '친절 시각화 훈련'이 성인들에게 미치는 영향에 관한 현재의 연구들을 살핀 실용적이고 이해하기 쉬운 리뷰를 실었다. 연구에 따르면 친절 시각화 훈련이 주는 효용은 다음 5가지로 정리하고 있다.

1. 공감력과 뇌의 감정 처리 과정을 활성화시킴으로써 '감성 지능'이 높아진다.
2. '텔로미어'라는 노화 관련 염색체 표지의 길이가 줄어 '스트레스 반응'이 향상된다.
3. 자비와 공감력을 높여 타인에게 기꺼이 도움을 준다. 또 타인

에 대한 편향된 생각이 줄어들고 사회적 연결이 활발해져 유대감이 증가한다.

4. 자기 비난이 줄어들며 자기애가 커진다.
5. 긍정적 감정이 증가하고 부정적 감정이 줄어들며, 미주신경 활성도vagal tone가 높아져 웰빙이 증진된다.(**고요하게 하기** 장에 나온 미주신경을 기억해보라. 사회적 관계를 원활하게 하고 정신적 안녕감을 높이는 미주신경은 신체에서 가장 중요하고 복잡한 뇌신경이다.)

친절 시각화 연습에서는 아동과 십대들이 먼저 자기 자신에게 선한 바람을 보낸 다음 타인과 공동체에 선한 바람을 보낸다. 이런 내면적 순서는 아이들이 앞서 탐구했던 순서를 그대로 따르는 것이다. 앞서 탐구했던 순서란, **ABC**의 순차적 진전을 말한다. 즉, 자기 자각과 **주의력**attention, **균형**balance의 발달에서 시작해 타인에 대한 자각과 **자비**compassion의 발달로 옮겨가는 것을 말한다. 아이들은 마치 카메라 렌즈를 줌인 하듯 자기 안에서 일어나는 일을 먼저 들여다본 다음, 줌아웃으로 자기 주변에서 일어나는 더 큰 그림을 보게 된다. '선한 바람' 놀이는 이러한 줌인/줌아웃의 과정을 하나의 내성적 활동 안에 포함시킨 놀이이다. 줌인이 자신에게 친절할 것을 아이들에게 상기시킨다면, 줌아웃은 타인과 지구에게 친절한 마음을 갖도록 해준다.

# 9장
# 머리 밖으로 나와 바라보기

이 장에서는 어린이와 십대들이 바디스캔이라는 명상법을 이용해 자신의 몸과 마음을 조율하는 법을 배운다. 성인을 위한 바디스캔은 30~45분 정도 걸린다. 하지만 명상 시간이 충분하지 않거나 아이들을 상대로 할 때는 더 빨리 진행할 수도 있다. 『온정신의 회복Coming to Our Senses』이란 책에서 존 카밧진은 바디스캔을 이렇게 설명한다. "바디스캔은 마음을 가지고 자신의 몸을 체계적으로 훑어가는 연습이다. 따뜻한 사랑과 열린 마음으로 자기 몸의 각 부위에 가만히 주의를 기울이는 것이다. 바디스캔은 들숨 한 번, 날숨 한 번 쉬는 짧은 시간에 할 수도 있고, 1분, 2분, 5분, 10분, 20분에 걸쳐 할 수도 있다. 바디스캔의 정확도와 상세함의 정도는 물론, 얼마나 빨리 자신의 몸을 훑어 내려가는가에 따라 달라진다."

신체 감각에 더 밀착해 주의를 기울일수록 아이들과 십대들이 자기 몸에 대해 더 잘 알게 되는 것은 당연하다. 그런데 아이들과 부모들은 자신의 몸에서 일어나는 일에 주의를 기울였을 때 자신의 느낌에 대하여도 의외로 많이 알게 된다는 데 놀라곤 한다.

친절 시각화처럼, 바디스캔과 기타 감각 기반의 놀이들은 때로 무서움이나 두려움, 고통스러움 등 강렬한 감정을 불러일으키는 수가 있다. 자신의 몸이나 몸의 특정 부위에 주의를 기울이는 것은 트라우마나 질병을 가진 아이, 학대와 방치를 경험한 아이들에게는 특히 어려울 수 있다. 명상 지도자이자 심리치료사인 트루디 굿맨은 트라우마의 경험이 있거나 바디스캔을 어려워하는 아이들은 바디스캔을 짧게 하도록 권한다. 시간이 길어질수록 불안한 마음이 일어날 수 있기 때문이다. 물론 상처가 있는 아이들이라도 몇 분 동안 몸의 감각에 집중하는 연습만으로 스스로를 진정시키는 데 도움이 된다. 『마음챙김으로 자라기Growing Up Mindful』라는 책에서 크리스토퍼 윌러드 박사는 바디스캔을 어려워하는 아이들은 오감을 통해 자기 외부의 닻에 집중하는 '기초적인 터 잡기 활동grounding activities'을 해볼 것을 권한다.

굿맨은 아이들이 자기 외부의 닻을 이용해 신체의 여러 부위를 관찰하는 재미있는 방법 두 가지를 제안한다. 첫째는, 다음과 같은 말을 속으로 말함으로써 자기 몸에 선한 바람을 보내는 것이다. "슬리퍼를 신고 있는 내 발이 따뜻하고 편안하기를, 자전거를 탈 때 내 다리가 튼튼하기를, 이번 주말에 해변의 모래사장에서 발가락을 꼼지락거리기를, 내 배가 부르기를." 아니면 "서고 걷고 달리고 깡충깡충 뛰고 춤추게 해주어서 고마워, 나의 발아."처럼 자기 몸에 감사의 마음을 보내는 것이다. 자기 외부의 닻에 집중하는 터 잡기 놀이의 두 번째 방법에는 9장 마지막에 살펴볼 '미라 놀이'가 있다. 그 밖에도 앞서 소개한 '몸 흔들기' 놀이, '한 번에 한 입씩' 놀이, '희미해져가는 소리' 놀이, '천천히 소리 없이 걷기', '풍선 팔', '나무늘보처럼 천천히' 등의 놀이가 있다.

2장에 소개한 '상상 속 레몬 맛보기: 몸-마음의 연결성' 놀이와 '스노우볼 관찰하기: 명료하게 보기' 놀이는 아이들에게 자신의 생각이 감정에 미치는 영향을 이해하도록 도와주었다. 지금부터 소개할 몇 가지 관계 놀이 역시 아이들에게 자신의 몸과 감정이 어떻게 연결되어 있는지 자각하도록 해준다. '마음, 몸, 가자!' 놀이는 지금 이 순간 자신의 몸과 마음에서 일어나는 일이 서로 어떤 관계가 있는지 관찰하게 하는 생생하고 직접적인 방법이다. 아이들이 공을 순서대로 넘기면서 지금 자신이 느끼고 있는 몸의 감각과 감정을 재빠르게 하나씩 말한다. 공을 이용해도 좋고, 공 없이 말로만 해도 좋다. 상대를 마주보고 앉아도 좋고 둥글게 원을 그리고 앉아서 해도 좋다.

놀이 33

## 마음, 몸, 가자!

**서로 공을 주고받으며 바로 지금 자기가 느끼고 있는 몸의 감각과 감정을 재빨리 말해본다.**

**삶의 기술** : 집중하기, 보기　　**대상 연령** : 모든 연령

### 놀이 진행 순서

1. 이제 차례대로 공을 넘길 거예요. 여러분 순서가 되면 지금 자신의 마음에

서 느끼는 감정 한 가지와 자기 몸에서 느끼는 느낌 한 가지를 말해보는 거예요. 예를 들면 "지금 내 몸은 편안해. 그리고 내 마음은 행복해." 같은 식이에요.

2. 선생님이 먼저 할게요. "지금 내 몸은 뻣뻣해. 그리고 내 마음은 약간 긴장되어 있어."
   (공을 옆의 짝꿍이나 다음 사람에게 넘긴다.)
3. 이제 공을 받은 사람은 느낌을 말한 다음 옆 사람에게 공을 넘기세요. 예를 들면 "내 발이 간지러워. 그리고 멍청하게 느껴져."처럼 하면 돼요.
   (놀이를 진행해 가면서 점점 빠르게 한다.)

**지도 방법**

1. 부엌 식탁에 앉아 있는 동안, 또는 교통 정체 때문에 차가 멈춰 있는 동안 자투리 시간을 이용하여 놀이를 하면 좋다. 공 없이도 가능한 놀이다.

존 카밧진 박사가 계발한 MBSR(마음챙김에 기반한 스트레스 완화 프로그램)에서 바디스캔은 발가락 끝에서 시작하여 정수리까지 몸에서 일어나는 느낌을 순서대로 관찰한다. 체육과 연극 수업에서 하는 점진적 근육이완 훈련도 같은 순서로 이루어진다. 반면 나를 지도해주었던 명상 지도자는 반대 방향으로, 즉 머리에서 시작해 발가락 쪽으로 내려오면서 바디스캔을 하라고 가르쳤다. 어느 방향이 더 바람직한지, 또 우리가 선택하는 바디스캔의 방향이 얼마나 중요한가에 대해서는 아직 합의된 바가 없다. 나는 머리에서부터 발가락으로 내려가며 명상한다. 왜냐하면 이렇게 하면 마음이 생각에서 멀어져 몸의 감각 쪽으로 향해 갈 수 있기 때문이다. 이 방법에 대해, 나와 함께 마음챙김 수련을 하는 아이들과 부모들이 실질적인 도움이 되었다고 답했다. 의식이 머리에서 빠져나와 몸으로 자연스럽게 옮겨 갔다.

다음 놀이는 '특별한 별'이라는 놀이이다. 머리에서 시작해 발가락에서 끝나는 순서로 자신의 주의를 이용해 몸을 훑어볼 것이다.

놀이 34

## 특별한 별

**밤하늘에 특별한 별이 하나 떠 있다고 상상해보며, 자신의 몸을 이완시키고 마음을 고요하게 한다.**

**삶의 기술** : 집중하기　　**대상 연령** : 모든 연령

**놀이 진행 순서**

1. 눈을 감은 채로 바닥에 편안하게 눕습니다. 자연스럽게 호흡하면서 숨이 들어오고 나가는 느낌을 관찰합니다.
2. 밤하늘에 오직 여러분만을 위한 별 하나가 떠 있다고 상상해봅니다. 어떤 모양, 어떤 색상, 어떤 물질로 된 별이라도 좋습니다. 그리고 별의 모양, 색상, 물질은 매 순간 그리고 날마다 바뀔 수도 있습니다. 어떤 때는 커졌다가 어떤 때는 작아집니다. 한때는 밝았다가 또 조금 지나면 희미해집니다. 그렇지만 여러분의 별은 항상 그 자리에 있습니다.

3. 자, 이제 이 별이 여러분의 몸 구석구석을 따뜻하게 비춰준다고 생각해보세요.
   - 별빛이 여러분의 이마를 비춘다고 상상하면서 이마 부위를 편안하게 풀어주세요. 그리고 오늘 하루 느꼈던 스트레스와 긴장이 모두 사라진다고 상상해보세요.
   - 이제는 별빛이 여러분의 어깨를 비춘다고 상상해봅니다. 어깨의 힘을 빼고 부드럽게 풀어주세요. 그리고 오늘 하루 느꼈던 스트레스와 긴장이 모두 사라진다고 상상해보세요. 같은 방법으로 팔→ 손→ 가슴→ 배→ 허리→ 다리→ 발목→ 발까지 차례대로 내려가봅니다.
   - 마지막으로 여러분의 몸 전체가 따스한 별빛을 받아 편안해진다고 상상해보세요.
   - 이렇게 별빛을 듬뿍 받아 온몸이 편안하게 이완된 상태로 잠시 더 있어봅니다.
4. 자, 이제 천천히 몸을 일으켜 앉으세요. 그리고 하늘을 향해 양손을 죽 뻗어봅니다. 한차례 깊이 숨을 들이쉰 다음, 숨을 내쉬면서 팔을 내리세요.
5. **지도 포인트** : 바디스캔을 하는 동안 몸과 마음에서 어떤 일이 일어났나? 전에도 이런 느낌을 느낀 적이 있었는가? 있었다면 언제인가?

깨어있는 주의mindful attention를 기울일 때 얻는 가장 큰 이익은 주의의 유연성을 기를 수 있다는 점이다. 마음챙김은 아이들이 서로 다른 유형의 경험들 사이에서 – 예를 들면 생각에서 감정으로, 또 몸의 감각으로 – 주의를 전환시키는 능력을 키워준다. MBSR에 기초해 진델 세갈, 마크 윌리엄스, 존 티즈데일이 개발한 임상 프로그램인 마음챙김 기반 인지치료, 즉 MBCT(Mindfulness-Based Cognitive Therapy)에서 우리는 바디스캔을 통해 주의를 한곳에서 다른 곳으로 이동시킬 수 있음을 알 수 있다. '나비 바디스캔'이라는 다음 놀이에서 아이들과 청소년들은 주의를 한곳에서 다른 곳으로 이동시키는 연습을 한다. 이 놀이는 자리에 앉아서 해도 좋고 서서 해도 좋고 누워서 해도 좋다.

## 놀이 35 나비 바디스캔

**머릿속에 떠올린 나비의 도움으로 자기 몸의 한 부위에서 다른 부위로 주의를 이동시킨다.**

**삶의 기술** : 집중하기 **대상 연령** : 모든 연령

### 놀이 진행 순서

1. 눈을 감은 채 편안하게 자리에 앉거나 누워보세요. 자연스럽게 호흡하면서 숨이 들어오고 나가는 느낌을 관찰해봅니다.
2. 이제 깃털처럼 가벼운 예쁜 나비 한 마리를 머릿속에 그려보세요. 나비의 색깔은 여러분이 좋아하는 어떤 색깔이라도 상관없어요. 잠시 여러분이 머릿속에 그린 나비의 모습에 집중해봅니다.
3. 이제 그 나비가 날아 여러분에게 다가온다고 상상해봅니다. 나비가 여러분의 특정 신체 부위에 내려앉는다고 생각합니다. 그리고 나비가 내려앉은 부위가 편안해지고 유쾌해진다고 상상합니다.
4. 이마부터 해볼까요. 나비가 이마에 내려앉았어요. 그러면 이마가 편안해집니다.
5. 이제 나비가 이마에서 날아가 여러분의 한쪽 어깨에 내려앉습니다. 이번에는 어깨가 편안하게 이완됩니다. (상상으로 그린 나비가 몸의 각 부위에 차례대로 내려앉는다고 상상하는 연습을 계속 이어간다.)
6. 이제 안정된 호흡의 리듬을 느껴보면서 몸을 편안하게 쉬어줍니다.
7. 자, 이제 크게 한 차례 심호흡을 한 뒤 양손을 하늘을 향해 죽 뻗어봅니다. 그런 다음 숨을 내쉬면서 손을 내립니다.

애너카 해리스가 쓴 고전 중에 아이들에게 자기만의 마음챙김 놀이를 만들어보라는 장면이 나온다. 그러자 미라라는 다섯 살 여자 아이가 매우 통찰력 있는 놀이를 제안한다. '나비 바디스캔' 놀이처럼, '미라의 놀이' 역시 아이들이 특정 유형의 몸 감각으로부터 다른 유형의 몸 감각으로 의도적으로 주의를 이동시키는 연습이다.

## 놀이 36 미라의 놀이

보는 것에서 느끼는 것으로, 몸을 움직이는 것으로, 그런 다음 다시 보는 것으로 주의를 이동시키는 연습을 한다. 이 연습을 통해 매 순간 우리가 수많은 여러 대상을 알아차릴 수 있음을 알 수 있다.

**삶의 기술** : 집중하기 **대상 연령** : 저연령 아동, 고연령 아동

### 놀이 진행 순서

1. (이 놀이는 선생님과 아이가 일대일로 한다.) 허리를 곧게 펴고 근육은 편안하게 이완한 채로 자리에 앉습니다. 양손은 무릎 위에 살짝 얹습니다. 선생님이 앉은 자리 앞에 돌멩이 하나를 놓을 거예요. 그러면 그 돌멩이를 바라보세요.
2. 선생님이 종을 울리면 돌멩이를 집어 듭니다. 그런 다음 눈을 감고 몇 차례 숨을 쉬면서 손에 쥔 돌멩이의 감촉을 **느껴보는** 거예요.
   (종을 울린다)
3. 선생님이 다시 종을 울리면 이제 눈을 뜨고 몇 차례 호흡을 하면서 돌멩이를 **바라보세요**.
   (종을 울린다)
4. 선생님이 다시 종을 울리면 이번에는 손에 쥐었던 돌멩이를 바닥에 **내려놓고는** 몇 번 호흡을 하면서 다시 돌멩이를 **바라보세요**.

(다시 종을 울린다)

5. 이제 처음부터 다시 한 번 해볼 거예요. 이번에는 선생님이 말을 하지 않는 대신에 각 단계마다 종을 울릴 거예요.
   - 첫 번째 종이 울리면 돌멩이를 집어 들고 눈을 감아요. 그런 다음 손에 든 돌멩이의 감촉을 **느껴봅니다**. 호흡하면서요.
   - 두 번째 종이 울리면 감았던 눈을 뜨고 손에 쥔 돌멩이를 **바라보세요**. 호흡을 하면서요.
   - 세 번째 종이 울리면 손에 쥐었던 돌멩이를 다시 바닥에 **내려놓아요**. 그런 다음 바닥에 놓인 돌멩이를 **바라보세요**. 숨을 쉬면서요.

### 지도 방법

1. 이 놀이는 선생님과 아이가 일대일로 하는 것이 좋다. 두 명 이상의 아이와 함께 놀이를 진행해야 한다면 둥글게 둘러앉는다. 각 라운드가 끝나면 자기가 가진 돌을 왼쪽 아이의 앞쪽 바닥에 두도록 한다. 이렇게 하면 다음 라운드에서 모든 아이가 처음과 다른 돌을 보고 느낄 수 있다.
2. 미라의 놀이에 사용할 물건으로 아이들 각자가 자기만의 특별한 돌이나 조개껍질, 나뭇잎을 가져와도 좋다.

지금까지 **고요하게 하기** 장에서 소개한 놀이들을 통해 아이들은 스트레스가 반드시 나쁘거나 좋은 것은 아니라는 사실을 배웠다. 또 사람마다 스트레스에 반응하는 방식이 다르다는 점, 스트레스에 적절히 대처하면 오히려 도움이 될 수 있다는 점을 배웠다. 결국, 약간의 불안은 십대들이 시험과 운동에서 더 분발하게 만드는 자극제가 될 수도 있기 때문이다. 아이들이 스트레스를 관리하는 열쇠는 스트레스 반응이 지나치게 격해져 자신의 삶을 온통 장악했을 때 그것을 알아차리는 데 있다. 아이들은 (바디스캔 같은) 감각 기반 활동을 통해 자신이 균형에서 벗어나고 있음을 알려주는 신체 기반 신호를 인지하는 법을 터득할 수 있다. 이 신호를 일찍 인지할수록 과도한 스트레스 반응을 약화시킬 수 있다. 자신이 균형에서 벗어났음을 알려주는 신체 기반 신호를 인지하면 스트레스 경험에 지나치게 골몰한 상태에서 벗어나 몸과 마음을 편안히 이완시키면서 단순하고 중립적인 닻에 주의를 보내 몸과 마음이 고요해질 수 있다.

# 4부
# 돌보기

Caring

마음챙김과 명상이라는 주제를 잘못 해석하면, 그저 착하고 친절하라,
감사의 마음을 가져라, 균형 잡힌 사람이 되라, 자기 자신을 돌보라는 것만
강조하게 된다. 이는 자칫 아이들에게 좌절감을 안겨줄 수 있다.
4부에서는 맹목적인 받아들임이 아니라, 나와 타인의 건강한 경계를
구분하는 분별력을 연습함으로써 자신을 지혜롭게 보살피도록 한다.
자신을 먼저 살피라고 하는 이유는, 먼저 자기 자신을 자각하지 못하면
다른 사람과 그들의 경험을 명료하게 보기가 어렵기 때문이다.

**10장 '나에게 도움이 되는가' 물어보기 :**
'깨어있는 주의'를 통해 자신의 습관과 동기를 지혜롭게 자각한다.

**11장 고르게 확산하는 주의 :**
자신의 생각과 느낌을 통제하지 않고, 주의 깊게 지켜봄으로써
마음에 일어나는 어떤 것이라도 생겨난 뒤에는 자연스럽게 사라짐을 안다.

곡예사와 그의 여자 조수가 시내 광장 한가운데서 대나무 막대기 곡예를 하기로 되어 있었다. 연습을 하던 중 곡예사가 조수에게 말했다. "내가 먼저 오를 테니 자네는 나를 따라 올라와 내 어깨 위에 서게. 우리 둘이 대나무에 오른 뒤에 자네는 내가 균형이 맞는지 봐주게. 나는 자네가 균형이 맞는지 봐줄 테니." 합리적인 요구처럼 보이지 않는가? 그러나 조수는 그렇게 생각하지 않았다. "그렇게 하면 안 될 것 같은데요, 선생님이 균형이 바른지는 선생님 자신이 직접 살펴야 할 것 같아요. 나는 내 균형이 맞는지 살피고요. 그러지 않으면 우리 둘 다 대나무에서 떨어져 부상을 당할 거예요."

여자 조수의 대답이 건방지게 들릴 수 있지만 사실 그녀는 미묘하면서도 중요한 포인트를 짚고 있었다. 그것은 조수가 먼저 자기 자신의 균형을 잡고 난 다음에야 곡예사의 균형을 봐줄 수 있다는 점이다. 비행기 승무원들은 우리가 비행기에 탈 때마다 이 점을 상기시킨다. 즉 비상 상황이 발생하면 승객들은 먼저 자신의 산소마스크를 쓴 다음에 주변 사람들을 돌보아야 한다. 마찬가지로, 조수도 자신의 균형을 먼저 잡고 난 다음에 곡예사에게 신경을 쓸 수 있다.

마음챙김과 명상을 비롯한 다른 창의적 작업들과 마찬가지로, 균형이라는 상태가 가진 속성도 매우 신비로우며 말로 설명하기가 어려울 – 완전히 불가능하지는 않더라도 – 때가 있다. 우리가 균형 상태에 있다는 걸 알기 위해서는 우선 균형을 잡았다고 느낄 수 있어야 한다. 앞에서 조수가 곡예사에게 말했듯이, 누구도 우리를 대신해 균형을 잡아줄 수 없다. 우리 스스로 균형을 찾아야 한다.

부모는 가족의 필요를 자신의 필요보다 우선하는 경우가 많다. 즉 자신보다 가족을 먼저 생각해서 행동하는 것이다. 틱낫한 스님은 말했다. “자신을 돌보고 사랑하는 법을 알지 못하면 우리가 사랑하는 다른 사람도 돌볼 수 없습니다.” 내 몸이 지치고 탈진하면 그 누구에게도 친절하게 대할 수 없다. 우리는 종종 그것을 잊곤 한다. 스트레스와 격렬한 감정, 바닥난 에너지, 그 밖의 여러 요인들이 우리가 타인에게 베풀 수 있는 관용의 폭을 좁히고 균형에서 벗어나도록 한다. 평소 같으면 참을 수 있었던 일이 더 이상 참기 어렵다고 느껴지는가? 그렇다면 우리의 신경계가 우리 자신을 재조정하고 더 잘 돌보라는 신호를 보내고 있다고 보아야 한다.

그리고 그렇게 하기 위해서는 사람 사이의 건강한 경계가 필요하다. 마음챙김과 명상이라는 주제를 잘못 해석하고 부적절하게 가르치는 경우, 자녀와 부모가 가정, 학교, 우정, 해야 할 일, 직장 등에서 바른 균형을 잡는 데 필요한 건강한 경계의 발달을 저해할 소지도 있다. 그저 착하고 친절하라고, 감사의 마음을 갖고 관대하라고, 균형 잡힌 사람이 되라고, 또 자기 자신을 돌보라고 가르치는 것은 도움이 되지 않는다. 이것은 곤란한 상황에 어떻게 대처해야 하는지 모르는 아이들에게 좌절감을 안겨줄 수 있다. 우리의 삶은 간단한 지침으로 일반화하기에는 너무도 복잡한 무엇이다. 아이들에게는 타인의 행동이 경계를 벗어났을 때 이를 인식하고 자신을 보살피는 실제적인 방법이 필요하다.

마음챙김과 명상으로 탐구하는 주제와 삶의 기술들은 분명 우리의 분별력을 길러주고 타인과의 건강한 경계를 발달시켜준다. 물론 거기에는 적절한 가르침과 배움, 이해가 바탕이 되어야 한다. 옥스퍼드 영어사전은 '분별력discernment'을 '바르게 판단하는 능력'으로 정의한다. 분별력은 지혜롭고 자비로운 세계관이 지닌 중심 주제 가운데 하나이다. 분별력을 연습함으로써 아이들과 부모들은 그들의 말과 행동과 인간관계에서 친절, 감사, 받아들임 같은 보편적 주제를 특정 결과보다 현명하게 더 우선하는 법을 배운다.

# 10장
## '나에게 도움이 되는가?' 물어보기

아이들은 온갖 습관을 갖고 산다. 그중에는 신체와 관련된 습관도 있고(손가락 관절로 뚝뚝 소리를 내거나 머리카락을 배배 꼬는 등), 언어적 습관도 있으며(특정 단어나 구절을 사용하는 것), 또 심리적 습관도 있다(걱정, 몽상, 판단, 과도한 분석 등). 습관은 대개 자동적으로 작동한다. 그것은 뇌의 작용 방식 때문이다. 즉, 특정 습관을 반복하면 그와 연관된 뇌의 회로가 강화되어 습관에서 벗어나기가 더 어려워지는 것이다. 3부 **집중하기**에서 뇌 가소성을 설명했다. 다시 말해 아이들은 특정 뇌 신경망을 많이 사용할수록 더 큰 변화를 겪고 그 영향력도 더 커진다는 것이다. 당신이 공원을 걷던 중에 키 큰 풀로 덮인 넓은 풀숲을 만났다고 하자. 그리고 풀숲 한가운데 사람들이 많이 지나다녀서 생긴 오솔길이 있다. 이때 풀숲을 지나 반대편에 이르는 가장 쉬운 방법은 무엇일까? 당연히 오솔길을 따라가는 것이다. 아이들도 마찬가지다.

뇌에 신경 통로가 형성되는 방식도 풀숲에 길이 나는 방식과 비슷하다. 사람들이 많이 걸으면 걸을수록 길이 더 잘 닦이듯이, 뇌의 신경 통로도 자주 사용할수록 강화된다. 신경 통로는 일부 유전적으로 결정되는 부분도 있지만, 아이들의 말과 행동, 생각 그리고 살면서 겪는 일상의 경험으로도 형성된다. 아동과 십대들이 자신의 생각, 말, 행동을 통해 기존의 신경 통로를 많이 사용할수록 뇌의 활동이 그 통로를 자동으로 경유할 가능성은 더 커진다. 이것이 바로 특정한 생각과 말, 행동 방식이 습관으로 굳어지는 과정이다. 특정 습관이 강할수록 그 습관과 연관된 신경 통로가 강하게 형성되어 있기 때문에 그 습관을 깨트리기 위해서는 더 큰 노력과 결심이 요구된다. 예를 들어보자. 아이가 매일 아침, 잠에서 깨자마자 제일 먼저 하는 일이 스마트폰으로 소셜미디어를 확인하는 일이라고 하자. 매일 아침 이런 행동을 반복하면 아이의 자동적인 반응이 된다. 아이가 "매일 아침 일어나자마자 소셜미디어를 확인하지 않을 거야."라고 결심해도 스마트폰을 확인하고 싶은 충동을 이기는 데는 역부족이다. 습관을 바꾸어야 한다는 단순한 동기만으로는 충분하지 않다. 습관을 바꾸려면 동기뿐 아니라 반복적인 실천이 필요하다.

'개인적 성격'이라는 인간 성질의 다발에서, 행동이 그 발달을 이끄는 동력이라면 자각 또는 알아차림awareness은 출발점이라고 할 수 있다. 먼저, 어린이와 십대들은 자신이 체현하기 바라는 성질들이 무엇인지 알아야 한다. 그런 다음 자신의 동기와 일관되는 행동을 반복함으로써 그 성질들을 발달시킨다. 그런데 습관을 깨트리고 새로 만드는 과정이 쉽지 않은 이유는, 아이들이 가진 습관 중에는 스스로 자각하는 습관도 있고, 자각하지 못하는 습관도 있기 때문이다. 긍정적 성질을 몸에 익히고 싶어도 부정적 성질을 자각하지 못하면 자기도 모르게 부정적 성질을 강화시킬 수 있는 것이다. 스스로 자각하지 못하는 습관을 바꾸기가 더 어려운 이유는, 자기가 모르는 습관을 강화시키는 행동은 그 방향으로 이끄는 뇌의 신경 통로가 잘 닦여져 있어 더 쉽게 일어나기 때문이다. 이 때문에 어린이와 청소년들은 자신이 잘못된 방향으로 한참을 가고 나서야 그 사실을 깨닫는다. 그러나 그렇다 해도 희망이 없지는 않다. 여기서 처음에 아이들이 가져야 하는 목표는 자신의 습관과 동기를 분명하게 자각하는 일이다.

깨어있는 주의mindful attention는 자신의 습관을 자각하는 데 사용할 수 있는 유용한 도구다. 이는 마치 범용 소프트웨어 프로그램(제조사가 제공하는 것으로, 사용빈도가 높다고 생각되는 기본적인 처리 프로그램)으로 컴퓨터의 잔 고장을 잡아내는 것과 비슷하다. 아이의 내면 세계와 외면 세계에 관한 정보가 자동으로 저장되는 컴퓨터 하드웨어가 뇌라고 생각해보라. 하드 드라이브에 저장된 불필요한 정보는 컴퓨터에 잔 고장을 일으켜 운용 속도를 느리게 한다. 범용 소프트웨어 프로그램은 주기적으로 버그를 찾아내 고침으로써 이 문제를 해결한다. 범용 소프트웨어 프로그램이 컴퓨터의 잔 고장을 찾아내듯이, 아이들은 깨어있는 주의를 기울여 자기 몸과 마음의 습관을 찾아낼 수 있다. 그런데 소프트웨어 프로그램과 다르게, 깨어있는 주의는 현명한 습관과 그렇지 않은 습관을 구별하지 못한다. 또 깨어있는 주의만으로 나쁜 습관을 깨트리지도 못한다.

현명한 습관을 만들고 현명하지 않은 습관을 깨트리기 위해서는 아이들에게 분별력이 요구된다. 분별력discernment이라는 말의 의미를 이해하기 위해서는 업業에 관한 이해가 필요하다. 업은 '카르마'라는 산스크리트어로서 불교와 힌두교에 기원을 두고 있으며, '원인과 결과'라는 의미를 갖는다. 일반적으로 카르마라는 단어는 '숙명'이라는 의미로 잘못 사용되는 경우가 있으나, 업의 더 정확한 의미는 '우리가 하는 행동에는 언제나 일정한 결과가 따른다'는 것이다. 여기서 행동이라 함은, 아이들이 몸으로 하는 행동뿐 아니라 입으로 하는 말과 머리로 하는 생각까지 모두 포함한다. 어떤 행동이든, 아무리 사소한 행동이라도 그것은 일정한 영향을 갖는다는 의미이다. 아이들은 자신의 동기를 원인-결과의 관점에서 깊이 생각해봄으로써 특정 행동이 지혜로운지 그렇지 않은지 분별할 수 있다. 분별력, 동기, 원인-결과는 우리가 이 책에서 탐구하는 지혜롭고 자비로운 세계관에 깃든 세 가지 주제이다.

다음 놀이는 어린이와 청소년들이 자신의 습관과 곤란한 상황에 대처하는 방식, 자신의 말과 행동이 지혜로운지 그렇지 않은지를 분별하게 하는 일련의 질문들이다. 가족을 상대로 상담할 때 나는 '지혜로운'이란 말 대신 '도움이 되는helpful'이란 단어를 쓰는데, 왜냐하면 이 단어는 그 정의가 분명하며, 대부분의 아이들이 의미를 충분히 이해하기 때문이다. 나는 당시 UCLA 유아돌봄센터의 이사장이었던 게이 맥도널드가 놀이터에서 말 안 듣는 네 살짜리 아이에게 "너의 행동이 도움이 되느냐(helpful)?"고 묻는 장면을 목격한 적이 있다. 그때부터 나는 이 단어를 사용하기로 했다. 맥도널드와 아이의 그 짧은 만남은 어린 아이들에게 분별력이란 말의 의미를 가르치는 멋진 수업 장면과 같았다. '도움이 되는'이란 단어는 특정한 감정의 무게가 실려 있지 않아 중립성을 가지므로 고연령 아동들, 십대 청소년들, 그리고 부모들을 상대로 마음챙김 수련을 할 때도 실제로 도움이 된다.

다음의 '도움이 되는가?' 놀이에서 하는 일련의 질문들을 아이들에게 소개할 때 나는 아이들이 무언가를 행하거나 말하려고 할 때마다 항상 이 질문들을 떠올리라고 요구하지는 않는다. 오직 적절한 반응을 선택하기 위해 생각이 필요한 상황에 처했을 때에만 멈추어 이 질문들에 답해보라고 한다.

놀이 37

## 도움이 되는가?

**자신의 말과 행동이 사려 깊고 친절한지 확신이 들지 않을 때, 자신에게 다음과 같은 질문을 던진다.**

**삶의 기술** : 다시 보기, 돌보기, 연결하기 **대상 연령** : 모든 연령

**놀이 진행 순서**

1. 어떻게 대응해야 할지 판단하기 힘들었던 복잡한 상황을 예로 들어볼까요?
   (아이들이 사례를 말하면 그중 하나를 선택한다.)
2. 이 경우에 어떻게 말하고 행동하는 것이 가장 최선의 대응이었다고 생각해요?
   (아이들이 생각을 말하면, 그중 하나를 선택한다.)
3. 그 말과 행동이 지혜로운 선택이었는지 알 수 있도록 다음 세 가지 질문을 던져보세요. 그것은 "그 말과 행동은 나에게 도움이 되었나? 다른 사람에게 도움이 되었나? 지구에 도움이 되었나?"라는 질문이에요.

나는 어린이와 십대들에게 자신의 말과 행동이 자신에게 도움이 되었는지를 타인에게 도움이 되었는지보다 먼저 묻도록 한다. 이는 자신의 이익을 친구, 공동체의 이익보다 우선해야 한다는 메시지를 암묵적으로 전하려 하는 것은 아니다. 내가 어린이와 십대들에게 자신을 먼저 살피라고 하는 이유는, 먼저 자기 자신을 자각하지 못하면 다른 사람과 그들의 경험을 명료하게 보기가 어렵기 때문이다(완전히 불가능하지는 않더라도). 앞에서 어린이와 십대들은 고전적 명상 훈련에서 가르치는 **주의**attention, **균형**balance, **자비**compassion가 어떤 순서로 나아가는지에 대해 생각해보았다. 이를 통해 왜 명상가가 자신에 대한 자각을 먼저 계발시킨 다음, 타인과 세계에 대한 자각을 키워야 하는지를 배웠다. 아이들은 이와 유사한 내면적 순서를 '선한 바람'이라는 놀이를 통해 체험해보았다. 이 놀이에서 아이들은 먼저 자기 자신에게 선한 바람을 보낸 뒤 타인에게 선한 바람을 보낸다.

'도움이 되는가?' 놀이에서 던지는 질문들의 내적 순서 또한 나에게서 시작하여 타인을 향하도록 한다. 카메라 렌즈의 줌인처럼 먼저 특정 행동이 나에게 어떤 영향을 미치는지 살펴본 뒤 줌아웃, 즉 나의 행동이 타인과 지구에 미치는 영향을 살피는 데로 시야를 넓히도록 한 것이다.

특정 반응이 도움이 되는지 안 되는지 언제나 분명한 것은 아니다. 실제로 어린이와 십대들이 서로 비슷한 중요도를 가진 일들 가운데 선택을 내려야 하는 경우도 있다. 이럴 때 달라이 라마는 『종교를 넘어Beyond Religion』라는 책에서 다음과 같은 조언을 내놓는다. "윤리의 문제는 흑백처럼 분명히 구분되지 않는 경우가 더 많다. 우리는 먼저 자기 자신을 들여다보면서 자신이 인류의 안녕을 위한 관심에 따라 행동하고 있는지 살펴야 한다. 그런 다음 우리 앞에 펼쳐진 여러 가지 길들의 장단점을 가늠해보고, 자연스러운 책임감이 이끄는 대로 따라야 한다. 이것이 지혜롭다는 말의 본질적 의미다."

아이들이 "그것은 나에게 도움이 되는가? 타인과 지구에 도움이 되는가?"라는 질문에 대해 내놓는 대답들은 흔히 상충할 수 있는데, 이는 놀라운 일이 아니다. 의견의 차이는 '새끼손가락으로 가리키기' 놀이(66쪽)를 다시 해볼 수 있는 좋은 기회를 제공한다. '새끼손가락으로 가리키기' 놀이는 한 그룹의 아이들이 동시에 한 가지 질문에 손동작으로 답하는 놀이였다. '새끼손가락으로 가리키기' 놀이는 사람들마다 서로 의견이 다를 수 있음을 재미있고 극적인 방식으로 보여준다. 이 놀이는 아이가 감정적으로 부담을 느낄 수 있는 질문들에 대해 친구들 앞에서 답을 해보는 기회가 될 수도 있다. 아이가 내놓은 답들이 서로 상충하는 경우에 나는 네 번째 질문을 던진다. "이 상황에서 무엇이 가장 중요할까요?"

행동을 자제하는 것은 지혜롭고 자비로운 세계관을 뒷받침하는 또 하나의 주제이다. 자제는 마음챙김과 명상을 통해 강화되는 타고난 성질이다. 달라이 라마는 『종교를 넘어』에서 자제를 "타인에게 실제적이고 잠재적인 해를 끼치지 않도록 의도적으로 삼가는 것"이라고 그 의미를 밝혔다. 자제는 아이들이 화가 나거나 지나치게 흥분했을 때, 또 자신의 말과 행동을 조절하는 것을 힘들어할 때 자신의 마음을 가라앉히는 기회가 된다. 『의식적 훈육Conscious Discipline』이라는 책에서 베키 베일리 박사는 평정을 '자기 조절력의 실천'과 같은 것으로 본다. 베일리 박사는 "평정은 바깥세상이 얼마나 미쳐 보이든 상관없이 우리가 내릴 수 있는 선택"이라고 말한다.

자제력을 발휘하는 능력은 적어도 부분적으로는 연령과 성숙도에 좌우된다. 아이가 어릴수록 행동을 자제하고 무언가 기다리는 데 더 어려움을 느낀다. 자신이 원하는 것을 부탁하거나 무언가를 말하고 싶을 때 참지 못한다. 성숙한 아이일수록 행동을 자제하는 것을 더 수월하게 느낀다. 그리고 연령과 무관하게 아이가 더 흥분해 있을수록 감정 등을 억제하는 것이 더 힘들다. 또 말하고 행동하기 전에 생각할 줄 아는 아이의 능력은 지치거나 스트레스를 받을 때면 더 떨어진다. 물론 이는 성인도 마찬가지다.

내 경험으로 보면, 저연령 아동들이 명상과 마음챙김을 통해 얻는 가장 중요한 잇점은 행동상 자제력을 키울 수 있다는 것이다. 그리고 이는 명상과 마음챙김을 시작한 초기에도 얼마든지 가능하다.

네 살밖에 안 된 아이도 잠시 멈추어 호흡을 느끼고 나면 새로운 것을 시작할 때 집중력이 높아지고 더 차분해진다는 것을 어렵지 않게 깨닫는다.

## 놀이 38 잠시 멈춰 호흡을 느껴요

**차분해지고 집중력을 높이고 싶을 때 잠시 멈추어 호흡을 느껴볼 수 있음을, 노래 한 곡을 불러보며 깨닫는다.**

**삶의 기술** : 집중하기, 고요하게 하기 **대상 연령** : 저연령 아동

### 놀이 진행 순서

1. **지도 포인트** : 여러분은 흥분했을 때 어떤 느낌이 드는가? 흥분하면 목소리와 몸을 조절하기가 힘들다, 그렇지 않은가? 지나치게 흥분해 목소리와 몸을 통제할 필요가 있을 때 잠시 멈추어 호흡을 느낀다.
2. 선생님이 노래를 하나 부를 거예요. "잠시 멈춰 호흡을 느껴볼 테야."라는 제목의 노래예요.

   "잠시 멈춰 (멈춤 신호처럼 양 손바닥을 전면을 향해 펼쳐 보인다)
   그런 다음, 호흡을 느껴볼 테야 (양 손바닥을 배에 댄다)
   평화롭고 평온해, 이제 (먹고 읽고 배울) 준비가 됐어"

   이 노래의 오디오 파일은 다음 링크에서 다운 받을 수 있다.
   www.susankaisergreenland.com/listen-1/i-stop-and-feel-my-breathing
3. 이제 노래를 함께 불러요.
4. **지도 포인트** : 잠시 멈춰 자신의 호흡을 관찰하는 것은 어떤 느낌인가? 이것이 일상생활에 어떤 도움이 될까?

### 지도 방법

1. 노래의 마지막 가사는 아이가 다음에 어떤 행동을 하는가에 따라 다르게 할 수 있다. 예를 들어 아이가 이제 책을 읽으려고 한다면 노래의 마지막 가사는 "평화롭고 평온해, 이제 책 읽을 준비가 됐어."라고 한다.

'잠시 멈춰 호흡을 느껴요' 놀이는 아이들에게 행동상 자제력을 키워주는 재미있는 방법이다. 마음을 가라앉히는 또 하나의 놀이인 '마음챙김 알리미'도 나는 아이들에게 종종 사용하도록 격려한다.

## 놀이 39 마음챙김 알리미

**비언어적(즉, 말로 하지 않고 행동으로 보이는) 알리미를 이용해 마음을 차분히 가라앉히고 집중하는 데 도움을 준다.**

**삶의 기술** : 집중하기, 보기 **대상 연령** : 저연령 아동, 고연령 아동

알리미 예시

**1. 조용하라는 신호**

아이가 상황에 맞지 않는 말을 하는 때에는 입을 다물라고 말로 지시하기보다 비언어적 방법을 시도해본다. 눈을 맞추고 미소를 짓거나 손가락을 입술에 갖다 댄다. 손을 귀에 갖다 대거나 아이가 지금 주의를 향해야 하는 곳으로 손가락을 가리킬 수도 있다.

**2. 손을 든다**

선생님이 손을 들어 아이들이 모두 같은 행동을 하도록 한다. 선생님이 손을 들면, 이제 말을 해서는 안 되며 선생님에게 눈과 귀를 집중해야 한다는 의미다. 손들기 신호를 약간 변형시킬 수도 있다. 즉, 아이들에게 언어적 신호를 보내 그 응답으로 비언어적 제스처를 요구하는 방법이 그것이다. 많은 아이들을 상대로 마음챙김을 연습하는 상황에서 아이들 모두가 선생님을 볼 수 없다면 선생님이 손을 들고 말한다. "선생님 목소리가 들리면 손을 들어보세요."

**3. 손뼉과 반복**

선생님이 일정한 순서로 손뼉을 치면 아이들이 하던 행동을 멈추고 손뼉의 리듬을 그대로 따라 한다. 아이들은 이내 손뼉 리듬이 귀를 열고 주의를 기울이라는 비언어적 신호라고 인식한다. 손뼉과 반복은 주의력을 훈련하는 이점도 있다.

**4. 느린 동작 (슬로모션)**

의도적으로 동작을 느리게 하면서 동작을 의식하는 모습을 연출해 아이들이 똑같이 따라 하게 한다. 슬로모션은 아이들이 자기 내면과 주변에서 일어나는 일을 더 잘 알아차리게 함으로써 주의력과 자기 통제력을 기르는 데 도움이 된다. "나무늘보처럼 천천히 움직여요."라고 말하면, 에릭 칼의 책 『'천천히, 천천히, 천천히'라고 나무늘보가 말했어』를 읽은 아이들에게 천천히, 의도적으로 몸을 움직이라는 재미난 언어적 신호가 될 수 있다.

**5. 지퍼 올리기**

아이들이 '지퍼 올리기' 놀이에 익숙해지면 이 놀이를 마음챙김 알리미로 사용할 수 있다. 한쪽 손은 배에, 다른 쪽 손은 허리에 갖다 댐으로써 '지퍼 올리기' 놀이를 할 거라는 비언어적 신호를 주라. 아이들이 그대로 따라 할 때까지 기다린다. 그런 다음, 두 손을 척추와 가슴을 따라 위로 올려 턱과 머리를 지나 양손이 공중에서 만나는 동작을 취한다. 아이들이 따라 하면 손이 공중에 올 때까지 기다린 다음, 말없이 격려해준다.

**6. 풍선 팔**

'풍선 팔' 놀이 역시 마음챙김 알리미로 사용할 수 있다. 양 손바닥을 머리에 얹고 양 손가락 끝을 서로 맞대어 '풍선 팔' 놀이를 시작한다는 것을 비언어적으로 알린다. 아이들이 손을 머리에 얹어 선생님을 따라 한다. 모두가 준비되면 팔을 들어 풍선에 공기가 가득 차는 동작을 취한 뒤, 팔을 내려 풍선에서 공기가 빠지는 동작을 취한다.

마음챙김 알리미는 아이들이 마음챙김 없이 자동적으로 행하는 자신의 행동을 잠시 멈추어 그 순간 자신의 느낌을 관찰하는 일정한 공간을 마련해준다. 앞에서 소개한 마음챙김 알리미들은 아이들을 상대로 한 것이지만, 십대 청소년과 그 부모들을 위한 마음챙김 알리미도 얼마든지 해볼 수 있다. 다음은 몇 가지 간단한 마음챙김 알리미들이다.

- 전화기가 울리면(소리, 진동 등) 나의 몸이 긴장되지 않는지 살펴본다. 몸이 긴장되는 걸 보았다면 긴장된 부위의 근육을 부드럽게 풀어준다.
- 자신도 모르게 소셜미디어를 확인하고 싶은 충동을 억제하고 지금 이 순간의 경험(방의 소리, 호흡 감각, 지평선, 주변의 나뭇잎이나 꽃, 머릿속에 떠오르는 평화로운 이미지 등)으로 주의를 향한다.
- 간식을 먹기 전에 지금 이 음식이 나에게 오기까지 도움을 준

많은 사람들을 떠올려본다. 마음속으로 또는 소리 내어 그들에게 감사를 보낸다.
- 줄을 서서 기다리는 동안, 나와 함께 기다리는 사람들에게 선한 바람을 보낸다.

고연령 아동과 십대들이 자신이 가진 습관을 이해하기 시작하면, 스스로 언제 유쾌하고 불쾌하고 중립적인 경험들에 자동 반사적으로 반응하는지 알게 된다. 다음 놀이에서 고연령 아동과 십대들은 유쾌하고 불쾌하고 중립적인 세 가지 삶의 경험의 범주를 관찰하고 그것에 자동 반사적으로 반응하는 것을 잠시 멈추는 법을 배운다. 컵에 얼음 한두 조각을 넣은 다음 키친타월과 함께 아이들에게 나눠준다.

놀이 40

## 얼음 녹이기

얼음 조각 하나가 녹는 모습을 지켜보면서 느낌과 반응의 차이를 관찰한다.

**삶의 기술** : 집중하기, 보기 **대상 연령** : 고연령 아동, 십대

### 놀이 진행 순서

1. **지도 포인트** : 얼음 조각을 집어 들기 전에 자신에게 어떤 느낌이 드는지 관찰한다. 어떤 생각이 떠오르는가? 몸에서는 어떤 느낌이 일어나는가?
2. 이제 얼음 조각 하나를 집어 그것이 녹을 때까지 들고 있을 거예요. 얼음을 손에 쥐고 있으면 불편한 느낌이 들 수도 있어요. 하지만 다칠 염려는 없으

니까 안심해도 돼요. 얼음을 키친타월로 감싼 채로 들면 바닥에 물이 흐르지 않으니까 좋겠죠.

3. 얼음이 불편하게 느껴지면 몇 차례 심호흡을 하면서 손과 팔을 편안하게 풀어주세요. 얼음을 쥐고 있는 게 너무 힘들면 걱정하지 말고 잠시 얼음을 내려놓은 다음 다시 집어 들면 돼요.
4. 말을 하지 않고, 여러분의 손에서 얼음이 녹을 때 어떤 느낌이 드는지 관찰해보세요. 좋은 느낌인가요? 싫은 느낌인가요? 얼음을 손에서 놓아버리고 싶나요? (30~60초 정도 기다린 뒤에 다음 단계로 넘어간다.)
5. 이제 여러분의 손에 어떤 느낌이 드는지 살펴보세요. 여러분의 손에서 생기는 느낌이 계속 변하고 있나요? 여러분의 생각도 변하나요? (아이들에게 얼음을 꼭 쥐어보라고 한다. 또 손의 다른 부위나 다른 쪽 손으로 얼음을 옮겨보라고 한다. 이때 어떤 변화가 생기는지 관찰하게 한다.)
6. **지도 포인트** : 얼음을 손에 쥔 시간이 늘어나면서 손의 느낌에 어떤 변화가 일어나는지 이야기하도록 한다. 얼음을 손에서 놓고 싶었는가? 얼음을 손에 쥐고 있을 때 자신의 생각과 감정에 어떤 변화가 일어났는지 이야기하게 한다.

다음으로, 아이들이 유쾌한 느낌, 불쾌한 느낌, 중립적인 느낌에 자신이 어떻게 반응하는지 살펴보는 색상 알아차림 척도를 사용한다. 대개 아이들은 즐거운 경험에 집착하며 그것을 계속 유지하고 싶어 한다. 불쾌한 경험은 없애고 싶어 하며, 즐겁지도 불쾌하지도 않은 중립적 경험에 대해서는 지루해하며 어떻게 해야 하는지 모른다. 즐겁고 불쾌하며 중립적인 경험에 대한 이런 반응은 각기 서로 다른 성질을 지녔지만, 여기에는 공통되는 점이 있다. 즉, 즐거운 경험을 좇아가거나, 불쾌하고 중립적인 경험을 없애려 하는 반응에는 모두 현재 일어나고 있는 일을 놓치고 있다는 것이다. 그러나 아이들이 잘

못된 것은 아니다. 자연스러운 반응이기 때문이며, 이러한 상태를 아는 것이 중요하다.

페마 초드론은 『자애의 마음 깨우기Awakening Loving-Kindness』라는 책에서 이렇게 말했다. "명상을 통해 우리가 얻는 가장 중요한 발견은 우리가 계속해서 현재 순간으로부터 달아나고 있다는 것, 그리고 지금 그대로의 모습으로 존재하기를 회피하고 있다는 것이다. 그러나 그것을 문제로 여길 필요는 없다. 중요한 것은 그것을 아는 것이다." 물론 자각(알아차림)은 명상의 핵심이지만, 알아차림만으로 습관적인 사고와 행동의 패턴을 변화시키는 데는 한계가 있다. 하지만 알아차림은 도움이 되지 않는 습관을 바꾸어 도움이 되는 습관으로 만드는 작업을 시작하도록 - 우리가 그것을 인지하는 방식을 바꿈으로써 - 영감을 줄 수 있다는 것은 분명하다.

다음 소개할 두 놀이는 '알아차림 척도'라는 시각적 도구를 사용해 이 중요한 핵심을 아이들에게 일깨운다. 3장에서 아이들이 배웠던 '새끼손가락으로 가리키기' 놀이처럼 '알아차림 척도' 놀이 또한 하나의 질문에 두 명 이상이 동시에 답하는 놀이이다. 이 척도들은 아이들이 자신의 생각과 감정, 몸의 감각에 이런저런 판단을 덧붙이지 않고 있는 그대로 자각할 수 있도록 가능한 객관적인 구조로 만들었다.

다음 놀이는 이 책의 부록에 실린 두 개의 척도를 이용해야 한다. 하나는 선생님이 사용하고 다른 하나는 아이가 쓰도록 한다. 아이들에게 마커나 크레용으로 삼각 모양에 자기만의 색깔을 칠하게 해도 좋다.

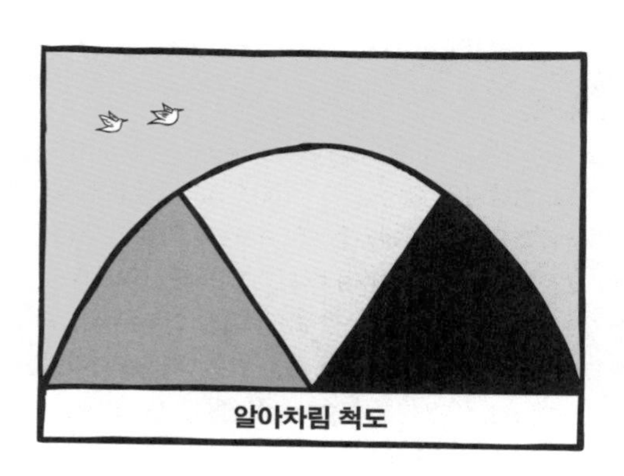


놀이 41

## 알아차림 척도

**알아차림 척도를 사용해 자신이 지금 느끼고 있는 바를 관찰하고 그것을 다른 사람과 소통하는 연습을 해본다.**

**삶의 기술** : 집중하기, 보기 **대상 연령** : 모든 연령

### 놀이 진행 순서

1. 선생님이 질문을 하나 할 거예요. 그러면 알아차림 척도의 색깔 중 하나를 가리키면서 선생님과 동시에 그 질문에 답을 해보는 거예요.
(척도 하나는 선생님이 갖고, 나머지 하나는 아이에게 준다.)
2. 선생님이 "시작"이라고 하면, 여러분이 만약 지금 이 방에서 일어나는 일에 주의를 향하고 있었으면 밝은 색깔을 가리키세요. 만약 지금 이곳이 아닌 다른 곳의 일을 생각하고 있었다면 가장 어두운 색깔을 가리키세요. 서로 상대방이 가리킨 색깔을 볼 수 있도록 손가락을 색깔 위에 올려놓아요. 기억하세요, 이 놀이의 목적은 지금 이 순간 우리의 몸과 마음에서 일어나는 일을 관찰하는 거예요. 정답이나 오답이 따로 정해져 있는 건 아니에요.

자, 하나, 둘, 셋, 시작!
(선생님이 척도에 있는 색깔을 하나 가리킨다. 아이도 색깔을 가리킨다.)

3. 네. 잘했어요. 선생님이 질문을 하나 더 낼게요. 조금 전 여러분이 어디에 주의를 기울이고 있었는지 물었을 때 여러분의 마음이 (지나간 일) 과거에 가 있었나요? 아니면 (지금 여기) 현재에? 아니면 (앞으로 일어날) 미래에 가 있었나요? 과거를 생각하고 있었다면 가장 어두운 색깔의 삼각형을 가리키고, 미래를 생각하고 있었다면 가장 밝은 색깔의 삼각형을, 그리고 현재를 생각하고 있었다면 가운데 있는 삼각형을 가리키세요. 자, 하나, 둘, 셋, 시작!
4. 여러분이 가리킨 삼각형이 어떤 삼각형인지 선생님이 볼 수 있도록 손가락을 그 색깔 위에 놓고 있으세요.
5. **지도 포인트** : 당신의 마음은 얼마나 자주 방황하는가? 이곳저곳 방황하는 마음이 도움이 '되지 않는' 예를 들어볼 수 있는가? 또 방황하는 마음이 도움이 '되는' 예를 들 수 있는가? 몽상은 도움이 되는가, 되지 않는가? 아니면 상황에 따라 달라지는가?

**지도 방법**

1. 알아차림 척도가 준비되지 않았으면, 아이들에게 '새끼손가락으로 가리키기' 놀이로 답하게 할 수도 있다. 십대들은 새끼손가락보다는 엄지손가락을 위로 올리거나 아래로 내리거나 옆으로 향해 답하는 것을 더 좋아할 수도 있다.
2. 알아차림 척도를 가지고 묻고 답하기에 적절한 더 많은 질문 사례가 '새끼손가락으로 가리키기' 놀이의 지시문(67쪽 참고)에 나와 있다.

'알아차림 척도'와 '새끼손가락으로 가리키기' 놀이는 감정의 동요를 일으키는 상황에서 아이들이 어떻게 대응하는 것이 최선인지 논의하는 데 유용한 도구이다. 부담스러울 수 있는 이런 대화에 대한 기초 작업으로 먼저 감정적 부담을 주지 않는 경험, 이를테면 평범한 일상적 상황에서 우리가 흔히 보이는 자동적 반응을 살펴보는 것도 좋다.

다음 놀이에서 아이들은 서로 다른 소리에 자신이 어떻게 반응하는지 관찰하게 된다. 먼저, 여러 가지 악기를 준비해 아이들이 보지 못하도록 숨겨둔다.

### 놀이 42 "무슨 소리를 들었지?" (알아차림 척도와 함께 하는)

주변 소리를 귀 기울여 들은 뒤 내가 어떻게 느끼는지 관찰한다.

**삶의 기술** : 집중하기, 보기 **대상 연령** : 모든 연령

놀이 진행 순서

1. 허리는 곧게 펴고 몸은 편안하게 합니다. 양손은 가볍게 무릎 위에 올린 채로 자리에 앉습니다. 눈은 감습니다. 바로 지금 숨을 들이쉬고 내쉬는 느낌이 어떤지 살펴봅니다.
2. 선생님이 여러 가지 악기로 소리를 내볼 거예요. 여러분은 소리를 잘 들으려고 애쓸 필요는 없어요. 그냥 편안한 마음으로 듣기만 하면 됩니다. (악기나 흥미로운 도구, 예컨대 흔들어 소리를 내는 악기, 현악기, 돌멩이를 톡톡 두드린다던지, 동전을 흔드는 등의 방법으로 다양한 소리를 낸다.)
3. 한 번 더 소리를 내볼게요. 이번에는 귀 기울여 들어보고 무슨 소리인지 맞혀보세요. 몸과 마음을 편안하게 한 채로 어떤 소리가 들려오는지 호기심을 가지고 가만히 귀 기울여보세요. 어떤 소리인지 마음속으로 정했다면 기억해두세요. 놀이가 끝날 즈음 선생님이 여러분에게 물어볼 테니까요. (약 1분 동안 계속해서 소리를 낸다.)

4. **지도 포인트** : 어떤 소리인지 맞힐 수 있었는가? 들리는 소리에 놀랐는가? 눈을 감은 채로 여러 가지 소리를 듣는 것은 어떤 경험이었나?
   (아이들에게 알아차림 척도를 하나씩 나눠주고, 선생님도 하나를 갖는다.)
5. 자, 선생님이 다시 소리를 들려줄 거예요. 그런데 이번에는 여러 가지 소리를 듣고 여러분이 어떻게 느끼는지 관찰해보았으면 해요. 들리는 소리가 즐거운 소리로 느껴지면 척도의 가장 어두운 삼각형을 가리키세요. 들리는 소리가 불쾌하게 느껴지면 가장 밝은 색의 삼각형을 가리키세요. 옆 친구들이 어떻게 느끼는지 알 수 있도록 손가락을 삼각형 위에 올려놓은 채로 있어 봅니다.
   (앞의 경우와 똑같은 도구로 소리를 낸다. 단, 이번에는 소리와 소리 사이에 충분한 시간 간격을 두어 아이들이 자신의 반응에 따라 알아차림 척도의 삼각형을 가리키도록 한다.)
6. **지도 포인트** : 즐거운 느낌의 소리가 계속 지속되기를 원했는가? 불쾌한 느낌의 소리는 그치기를 원했는가? 몸이 소리에 반응했는가? 모든 소리에 몸이 똑같이 반응했는가?

'마음챙김 알리미', '얼음 녹이기', '알아차림 척도', '무슨 소리를 들었지?', '새끼손가락으로 가리키기' 놀이는 모두 **집중하기**와 **보기**를 강화시키는 놀이들이다. 이런 삶의 기술들이 강화되면 아이들은 지나치게 흥분하거나 화가 날 때에도 스스로 마음을 누그러뜨리고 진정할 수 있다고 믿는다. 나아가 새로운 도전에 나서고 새로운 생각을 실험하는 데 자신감을 갖게 되며, 좀 더 창의적인 아이로 자라는 데 큰 도움이 된다.

# 11장
## 고르게 확산하는 주의

6장 마음챙김 호흡에서 한 어머니에 대해 이야기했다. 워킹맘인 그녀는 명상할 때 오히려 더 불안하고 감정이 격해져 명상을 그만두었다. 또 한 아이의 아버지인 어떤 남자는 잡념에 빠지고 정신이 멍해져 명상을 중단했다. 이건 내가 처음 명상을 배울 때도 마찬가지였다. 머릿속에 맴도는 생각과 감정을 제대로 처리하지 못하면 오히려 그것에 정신이 빨려 들어갈 것 같은 두려움에 빠지기도 한다. 그런데 이 모든 경우에 우리가 미처 보지 못하는 것이 있다. 그것은 우리가 자신의 생각과 신념, 느낌에 집착하거나 지나치게 분석하거나 회피하고 있다는 사실이다. 그리고 그것들과 자신을 동일시하고 있다는 사실이다. 우리 마음에서 일어나는 활동 자체가 아니라, 그에 대한 우리의 반응이 문제인 것이다.

『혼란을 명료함으로 바꾸기Turning Confusion into Clarity』라는 책에서 욘게이 밍규르 린포체는 자신의 아버지가 명상을 어떻게 가르쳤는지 이야기한다. 그의 아버지는 일류 양치기와 삼류 양치기를 비교

하는 이야기로 명상을 가르쳤다. "삼류 양치기는 시야가 좁아서 왼쪽으로 달아나는 양을 좇는 동안 그만 오른쪽으로 달아나는 양을 놓치고 만다. 그래서 자기 꼬리를 무는 개처럼 계속해서 한자리를 뱅뱅 돈다." 뛰어난 명상 지도자인 그의 아버지는 호기심 많은 아들에게 이렇게 말했다. "명상할 때 우리는 자신의 생각과 느낌을 통제하려고 하지 않는다. 단지 그것들을 자연스럽게 놓아둔 채로 일류 양치기가 하듯이 주의 깊게 지켜볼 뿐이다."

10장 '나에게 도움이 되는가?' 물어보기에서 아이들은 '얼음 녹이기' 놀이와 '알아차림 척도'를 사용한 놀이를 하면서, 즐거운 생각을 좇아가고 불쾌한 생각을 피하려는 인간의 성향이 매우 자연스러운 것임을 보았다. 또 아이들은 자신이 무엇을 하고 있는지 분명하게 보지 못하면, 그 생각을 계속 좇아가거나 그로부터 도망가는 상황에 빠질 수 있다는 것도 알았다. 알아차림awareness이 중요한 이유가 바로 여기 있다. 자신이 생각을 좇아가거나 생각에서 도망가는 상황에 빠져 있음을 알아차릴 때에야 비로소 아이들은 그로부터 한발 물러나 무엇이 지금 자신을 이 상황에 가두고 있는지 살피는 기회를 갖는다. 앞서 4장 감사하기 연습에서 이야기한, 바나나를 손에 쥐고 놓지 않으려는 원숭이의 이야기를 기억하는가? 만약 원숭이가 손에 쥔 바나나를 놓으려고 했더라면 사냥꾼의 덫에서 빠져나올 수 있었을 것이다. 마찬가지로 고연령 아동과 십대들은 편안한 마음으로 그저 생각을 놓아두는 것만으로 자신이 빠져 있는 심리적 덫에서 탈출할 수 있다.

'손가락 올가미' 놀이는 우리가 생각의 올가미에서 자유로워지는 법을 시각적, 경험적, 비유적으로 보여주는 도구다. 아이들에게 손가락 올가미를 하나씩 나눠주고, 선생님도 하나 준비한다. '중국(멕시코) 손가락 퍼즐' 또는 '중국(멕시코) 수갑'이라고도 하는 손가락 올가미는 매듭을 원통형으로 짠 형태로, 양쪽 구멍으로 손가락을 끼울 수 있다. 손가락을 끼운 채 바깥쪽으로 당기면 매듭이 조여들어 손가락이 빠지지 않는다.

놀이 43

## 손가락 올가미

손가락 올가미에 넣은 손가락을 강하게 잡아당겨 빼려고 할수록 더 단단하게 조인다. 반면 손가락에 힘을 뺀 채로, 잡아당기기를 멈추면 손가락은 쉽게 빠진다.

**삶의 기술** : 집중하기, 보기 **대상 연령** : 고연령 아동, 십대

놀이 진행 순서

1. 오른손 왼손 새끼손가락을 손가락 올가미의 양쪽 끝으로 집어넣는다.
2. 양 손가락을 바깥으로 잡아당기면서 손가락이 올가미에서 빠져나오도록 한다.
   (이렇게 하면 올가미는 더 좁아지고 손가락은 더 단단하게 조인다.)
3. 이제 잡아당기기를 멈추고 편안하게 이완하면서 호흡을 해봅니다. 올가미 양쪽 끝에 집어넣은 손가락을 이제 안으로 밀어봅니다.
   (단단하게 조인 올가미가 조금 느슨해지면서 아이들은 손가락을 빼낼 수 있다.)
4. **지도 포인트** : 올가미에서 손가락을 빼내는 최선의 방법은 무엇일까? 손가락이 올가미에 걸려 옴짝달싹 못 하는 것과, 자신의 생각, 감정, 스트레스에 걸려 옴짝달싹 못 하는 것은 서로 비슷한 점이 있을까?

11장 고르게 확산하는 주의에서 소개하는 놀이들은 고르게 확산하는 주의를 사용해 고연령 아동들이 자신의 마음을 이해하도록 돕는다. 고르게 확산하는 주의란, 변화하는 경험의 드넓은 장을 비추는 넓고 수용적인 빛을 말한다. 고르게 확산하는 주의를 사용하는 놀이를 알아차림 놀이라고 하는데, 이 놀이에서 아이들은 '명상적 자제contemplative restraint'를 연습하게 된다. 명상적 자제는 이 책에서 우리가 탐구하는 주제 가운데 하나로, 자기 내면과 외면 세계에서 일어나는 일(생각, 느낌, 몸의 감각, 소리, 온도 등)에 반응하지 않고 있는 그대로 관찰하고 지켜보는 것을 말한다. 초걈 트룽파 린포체는 『실천하는 마음챙김Mindfulness in Action』이라는 책에서 명상적 자제의 이익을 다음과 같이 설명한다. "명상적 자제의 방법은 생각의 과정을 완전히 끊어버리지 않는다. 오히려 생각의 과정을 느슨하게 만든다. 이렇게 하면 생각이 더 투명하고 느슨해져 우리 마음속에서 더 수월하게 흘러가고 떠다니게 된다. 생각은 종종 매우 무겁고 끈적끈적한 무엇이어서 우리를 잘 떠나지 않는다. 생각은 우리가 거기에 주의를 기울이도록 끈질기게 요구하는데, 위의 방법을 사용하면 생각의 과정이 느슨해지고 유동적이 되어 근본적으로는 더 열어진다. 우리는 생각이 완전히 사라진 경지에 도달하려고 애쓰는 것이 아니다. 생각이 펼쳐지는 과정과 '관계 맺는' 법을 배우는 것이다."

알아차림 놀이를 진행할 때 부모들이 기억해야 하는 중요한 점이 있다. 그것은 어린 아이들은 신체적, 정신적 발달상 아직 자신의 생각과 감정, 몸의 감각에 반사적으로 반응하지 않고 잠시 멈출 수 있는 준비가 되어있지 않다는 점이다. 나는 펜실베이니아 주립대학의 '인간 건강 증진을 위한 예방연구센터'의 설립자인 마크 그린버그에게 몇 살이 되면 아이들이 이런 메타 인지(상위인지) 능력을 처음으로 발달시키는지 물었다. 그는 아이에 따라 차이가 있지만, 대략 초등 4학년이 되어야 비로소 메타 인지 능력이 발달하기 시작한다고 답했다. 그런데 알아차림 놀이는 저연령 아동들에게 적합한 닻 놀이로 얼마든지 변용시킬 수 있다. 변용시키는 방법을 이 책의 놀이들에서 소개했다.

부모들이 기억해야 할 점이 또 있다. 알아차림 놀이와 닻 놀이에서 주의 산만함을 바라보는 관점이 다르다는 것이다. 한곳에 모으는 주의를 사용하는 닻 놀이에서는 아이들의 주의를 닻이 아닌 다른 대상으로 끌어당기는 것은 무엇이든 주의 산만으로 간주하다. 그러나 고르게 확산하는 주의를 사용하는 알아차림 놀이에서는 그 무엇도 주의 산만으로 보지 않는다. 고연령 아동들과 십대들이 자기 마음속의 활동을 뒤좇고 분석하고 회피하고 지나치게 동일시하더라도 알아차림 놀이에서는 주의 산만이 아니라 지금까지와 다른 방식으로 그것들과 관계 맺을 수 있도록 한다. 그 결과 믿음, 생각, 감정들이 휘두르던 장악력이 조금 느슨해지고 가벼워진다. 그러면 아이들은 자기 내면과 주변에서 일어나는 일을 더 명료하고 평온한 마음으로 관찰할 수 있다. 나는 이 '희망적' 관점을 보이기 위해 보블헤드 인형(머리 부분이 흔들리는 인형)을 사용한다.

놀이 44

## 보블헤드 인형

**보블헤드 인형의 머리를 흔들어, 자신의 생각과 감정에 일일이 반응하지 않고 있는 그대로 놓아두는 것이 어떻게 도움이 되는지를 이해한다.**

**삶의 기술** : 고요하게 하기 **대상 연령** : 고연령 아동, 십대

### 놀이 진행 순서

1. 선생님은 종종 이 보블헤드 인형처럼 느낄 때가 있어요. 흥분하거나 화가 나거나 할 때 선생님의 마음속은 너무 어지러워 이 보블헤드 인형의 머리처럼 마구 흔들거려요.
   (보블헤드 인형을 흔들어 보인다. 놀이가 끝날 때까지 계속 흔든다.)
2. 여러분도 이 보블헤드 인형처럼 머리가 흔들리는 느낌을 가져본 적이 있나요?
   (아이들이 사례를 들지 않으면, 선생님이 몇 가지 사례를 들어준다. "선생님의 경우에는 교통 체증 때문에 수업에 늦을까봐 걱정했던 때가 그랬어요. 또 선생님이 읽고 있던 책을 계속 읽으려고 온 집을 뒤졌지만 결국 찾지 못했을 때도 그랬고요.")

3. 보블헤드 인형처럼 느낄 때면 우리는 마음이 산만해져요. 머릿속에 날뛰는 생각과 감정, 믿음이 우리에게 주의를 기울여달라고 하는 것처럼 느껴져요. 그렇지만 그것들 하나하나에 일일이 주의를 기울인다면 우리는 길을 잃고 말 거예요. 그리고 명료하게 생각하기가 힘들어질 거예요.
(다시 보블헤드 인형을 흔들어 보인다.)
4. 그렇다면 어떻게 해야 할까요?
5. **지도 포인트** : 우리는 생각을 없애려고 노력해야 하는가? 만약 그렇다면 생각을 없애는 것이 어떻게 가능할까? 만약 생각에 대해 아무것도 하지 않으면 어떤 일이 벌어질까? 생각을 그냥 그대로 놓아둔 채 거기에 반응하지 않으면 어떻게 될까?
(보블헤드 인형을 바닥에 내려놓는다. 인형 머리의 움직임이 점점 느려지다가 결국엔 멈춘다.)
6. 우리의 생각과 느낌은 어떻게 해도 완전히 사라지지 않아요. 또 우리는 지금 생각과 느낌이 완전히 사라지기를 바라는 것도 아니에요. 만약 생각을 있는 그대로 놓아두면 어떻게 될까요? 생각은 점점 잦아들고, 그러면 우리는 다시 명료하게 생각할 수 있을 거예요.
7. **지도 포인트** : 생각에 대해 자꾸 곱씹고 반추하고 이리저리 궁리하면 어떻게 되나?
(보블헤드 인형을 흔든다.)
8. 우리가 마음을 가라앉혔다 해도 곤란한 상황에 처하면 다시 마음이 분주해지는 건 당연한 일이에요. 이럴 때 몸과 마음을 이완시킨 채로 지금 일어나는 일에 즉각 반응하기보다 그저 관찰한다면 마음은 저절로 가라앉을 거예요.

아이들이 자신의 생각, 느낌, 믿음을 어떻게 바라보고 다룰지, 그것과 관계 맺는 방식을 바꾸려면 어떻게 해야 할까. 우선 자신의 생각, 느낌, 믿음과 친숙해져야 한다. 그러기 위해서는 집중력이 필요하다. 시각화와 닻 놀이(한곳에 모으는 주의인 집중력을 키우는 놀이)를, 이

장에서 소개한 알아차림 놀이(확산하는 주의를 키우는 놀이)보다 먼저 가르치는 이유도 이 때문이다. 그런데 한곳에 모으는 주의와 확산하는 주의를 별개의 주의 기울임 방식으로 생각해서는 안 된다. 이해하는 데는 도움이 되지만, 둘은 이어져 있다. 미국에서 태어나 티베트불교의 법맥을 이은 라마승 수리야 다스는 이를 대학에 비유하고 있다. "알아차림 놀이는 '파노라마처럼 확산하는 주의'를 주전공으로 하고, '한곳에 모으는 집중적 주의'를 부전공으로 하는 것과 같다."

다음에 소개하는 '별 보기' 놀이는 고연령 아동과 십대들이 편안하고 널찍한 확산적 주의 기울임의 방식을 연습하기에 좋은 방법이다. 하늘을 올려다볼 수 있는 편안한 장소를 마련해 의자와 담요를 준비한다. 저연령 아동도 하늘을 쳐다보는 걸 좋아한다. 아래 소개하는 놀이 지침에서는 별 보기 놀이를 저연령 아동에게 적합하게 변형하는 법도 안내한다.

놀이 45

## 별 보기

편안한 상태로 하늘을 쳐다보면서, 지금 이 순간 일어나는 일을 살펴본다.

---

**삶의 기술** : 집중하기, 돌보기
**대상 연령** : 고연령 아동, 십대(저연령 아동에게는 조금 변형시켜 적용한다)

---

### 놀이 진행 순서

1. 편안한 자세로 의자에 앉거나 자리에 누워 호흡의 자연스러운 리듬을 탐

니다.

2. 지평선을 바라보며 가볍게 시선을 그곳에 두어봅니다. 눈은 특정 대상에 집중하지 않은 채로 부드럽게 해주어요.
3. 하늘, 달, 별에서 눈에 들어오는 어떤 변화라도 관찰해보세요.
4. 생각이나 느낌이 거품처럼 일어나더라도 그냥 그대로 놓아둡니다. 계속해서 분석하거나 생각하지 않으면 생각과 감정은 일어났다 잠시 머문 뒤에 저절로 사라질 거예요.
   (저연령 아동을 상대로 지도할 때는 위 4번의 지침을 이렇게 바꾼다. "자꾸 딴 곳으로 주의가 달아나거나 딴 생각이 들어도 괜찮아요. 그냥 몇 번 호흡하면서 여러분이 숨 쉬는 걸 느껴보세요. 그런 다음 다시 하늘을 쳐다보면 돼요.")
5. **지도 포인트** : 무엇을 보았나? 하늘에서 보이는 현상에 놀랐는가? 올려다본 하늘이 변하지 않고 그대로인가? 아니면 계속해서 변화하는가? 자신이 어떻게 느꼈는지 표현할 수 있는가? 지금은 어떤 느낌인가?

**지도 방법**

1. 처음에는 짧은 시간 동안 놀이를 한 다음 점점 시간을 늘려간다.
2. 낮 시간에는 '별 보기'가 아니라 '구름 보기'를 한다. 해변용 의자나 타월을 준비하고, 바깥의 그늘진 장소를 찾는다. 아이들이 바람에 나부끼는 나뭇잎, 떠가는 구름 등 주변 환경에서 일어나는 변화를 관찰하도록 한다.
3. '별 보기'와 '구름 보기' 놀이는 아이들이(그리고 성인들이) 삶이 정신없이 돌아가 스트레스를 받을 때 편안하게 휴식하며 자신을 돌보기에 좋은 방법이다.

별 보기 놀이는 '멍 때리기'가 아니다. 이 놀이의 목적은 우리의 마음에 일어나는 어떤 것이라도 생겨난 뒤에는 자연스럽게 사라진다는 것을 가르치는 데 있다. 아이들이 스스로 머릿속에서 일어나는 일을 관찰하고 있는 한, 별을 보면서 마음이 이곳저곳 떠돌아도 괜찮다. 아무리 내공이 높은 명상가도 생각에 빠져 길을 잃을 때가 있다. 나이에 상관없이 누구든 현재 자신이 빠져 있는 생각에서 돌아오기 위해 시선을 지평선으로 향한다. 다른 생각에 빠져 있음을 의식할 때마다 지평선으로 시선을 돌리면서 알아차림을 하는 것이다.

활짝 열린 이 수용적 명상법은 강한 집중력을 필요로 한다. 어른 아이 할 것 없이 명상을 처음 하는 많은 사람들은 이 부분을 어려워한다. 그래서 좀 더 쉽게 접근하기 위하여 생각을 다루는 체계화된 방법들이 고안되었다. 바로 생각이 떠오를 때 '생각'이라고 이름을 붙여 자각하는 방법이다. 다음 놀이를 통해 이름 붙이는 방법을 연습해볼 수 있다.

## 놀이 46 머물러 관찰하기

**몸과 마음을 편안하게 이완하면서 호흡의 감각에 주의를 기울인다. 이때 생각과 감정이 일어나 주의가 분산된다면 속으로 '생각'하고 이름을 붙여 알아차린다.**

**삶의 기술** : 집중하기, 돌보기 **대상 연령** : 고연령 아동, 십대

### 놀이 진행 순서

1. 허리는 곧게 펴고 몸은 편안하게 힘을 뺀 채로 양손은 가볍게 무릎 위에 두고 앉습니다. 눈을 감는 게 편하다면 눈을 감아도 좋습니다.
2. 앞에서 했던 '마음챙김 호흡' 놀이처럼, 호흡의 닻을 다시 한 번 찾아보세요. 잠시 지금 자신의 호흡이 가장 분명하게 느껴지는 부위를 찾아보세요. 코 주변인가요? 아니면 가슴? 아니면 배에서 가장 강하게 느껴지나요?
3. 숨을 내쉬면서 날숨에 가볍게 주의를 둔 채로 날숨이 끝날 때까지 죽 따라갈 수 있는지 보세요. 몇 차례 호흡을 하면서 이렇게 해봅니다.
4. 이제, 호흡에 특별히 주의를 주지 않은 채로 그냥 있어봅니다.
5. 생각과 감정이 거품처럼 계속 올라오더라도 그것에 너무 매달리지 마세요. 생각과 감정이 올라오는 것을 관찰했을 때 속으로 그냥 '생각'이라고 말해

보세요. 그런 다음 호흡의 자연스러운 리듬을 느끼면서 그저 가만히 머물러봅니다.

6. '생각'이라고 속으로 말할 때 자신의 목소리 톤이 어떤지 관찰해보세요.
(아이들이 불편해하지 않고 집중력을 유지하는 한, 계속 명상을 안내한다.)

**지도 방법**

1. '부드럽게', '가볍게' 같은 단어를 많이 쓰는 것은 아이들 스스로 몸과 마음의 힘을 빼고 이완하도록 돕기 위해서다.
2. 위에서 설명한 지침은 아이들에게 날숨에 주의를 둔 채 날숨이 끝날 때까지 주의를 지속시키도록 한다. 이 방법은 주의를 안정시키는 데 효과적이며, 실제 많은 아이들이 이 방법으로 몸과 마음이 편안하게 이완되며 고요해진다.

'머물러 관찰하기' 놀이의 마지막 지침(6번)은 고연령 아동과 십대들이 속으로 '생각'이라고 이름 붙일 때 자신의 목소리 톤을 관찰함으로써 자기 자각self-awareness과 자기 자비self-compassion를 수련하는 간단하면서도 직접적인 방법이다. '생각'이라는 내면의 야유꾼이 아이의 귀에 대고 속삭이는 모욕과 그에 따르는 힘겨운 감정은 아이를 완전히 압도할 만큼 강할 수 있다. 이때 만약 아이가 자기에 대한 부정적 판단이 사실이 아님을 알고, 자신을 향해 자비의 마음을 보낸다면 어떨까? '이건 단지 생각일 뿐이야, 그냥 지나가는 생각이야.' 하는 식으로 자각하고 자비를 보내는 순간 틈이 생기고 거기에서 아이는 조금의 자유를 발견할 수 있게 된다.

고연령 아동과 십대들이 자신에게 속삭이는 목소리 톤을 관찰하고, 그것이 자신에게 도움 되는 친구처럼 다정한 목소리 톤인지, 아니면 도움이 되지 않는 야유꾼의 목소리 톤인지 생각해봄으로써 자기 자비를 닦는 기회가 된다. 속으로 '생각'이라고 이름을 붙이면서 내면의 목소리 톤을 관찰하는 방법은 고연령 아동들이 '별 보기' 놀이를 할 때도 도움이 된다.

'머물러 관찰하기' 놀이와 '별 보기' 놀이는 휴식과 이완을 촉진하는 놀이이다. 휴식과 이완은 그 자체로도 훌륭하지만, 그 밖에 여러 가지 이익을 준다. 몸과 마음의 힘을 빼고 편안하게 이완한 채 휴식을 취하면 머리가 명료해지면서 자기 내면과 주변에서 일어나는 일을 더 쉽게 관찰할 수 있다. 이때 아이들이 제일 먼저 관찰하게 되는 것은 모든 것이 변화한다는 사실이다. 하늘을 올려다보며 별빛의 성질과 색깔이 계속 바뀌는 것을 관찰한다. 힘을 뺀 채로 몸과 마음을 관찰할 때 아이들은 자신의 호흡이 느려지고 더 깊어지는 것을 느낀다. 마음챙김으로 주변의 소리를 들을 때는 소리가 일어났다 사라지는 것을 느낀다. 이처럼 명상을 할 때도 자신의 생각과 감정이 일어났다 사라지는 것임을 알 수 있다.

이런 관찰은 세상의 모든 것이 유동적이며 시시각각 변화한다는 점에 대해 아이와 이야기 나눌 수 있는 기회가 된다. '모든 것이 변화한다'는 주제는 우리에게, 특히 삶이 불공평해 보일 때 적지 않은 위안이 된다. 내일은 오늘과 다를 것이다. 아이가 지금 힘든 시기를 지나가고 있더라도 결국에는 지금과 다르게 변화할 것임을 기억해야 한다.

# 5부
# 연결하기

앞에서 소개한 대부분의 놀이는 자기 내면과 주변에서 일어나는 일을 자각함으로써 지혜와 자비를 계발하는 자기 성찰 훈련이다. 5부에서는 지혜와 자비의 마음을 아이들 자신과 타인에게 연결하는 데 유용한 놀이를 소개한다. 갈등이 일어났을 때 어떻게 대응하고 오해와 분노 그 밖의 고통스러운 느낌을 내려놓는 법을 배운다. 이를 통해 아이들은 숨을 내쉬고 걸음을 내딛는 것 등 일상의 순간순간에서 신비와 기쁨을 발견할 수 있게 된다.

**12장 열린 마음, 확대된 렌즈로 보기 :**
음악이 흐르듯 있는 그대로 지나가게 하는 법을 배운다.
그러면 확대된 렌즈처럼 마음이 열리고, 모든 것이 완벽하지 않으며
자신과 부모 등 다른 사람에게도 한계가 있음을 인식하게 된다.

**13장 자유에 이르는 길 :**
놀이 명상을 통해 아이들은 자신과 타인을 있는 그대로 바라보면서 감사와 기쁨,
행복, 진정한 자유가 무엇인지 배운다.

어느 화창한 가을 날, 사자가 정원에서 일하던 중에 날개가 부러진 작은 새 한 마리를 발견했다. 그때 한 무리의 새떼가 사자의 머리 위로 날아갔다. 사자가 새의 부러진 날개에 붕대를 감아주는 동안 이 어울리지 않는 한 쌍은 새떼가 남쪽으로 날아가는 것을 지켜보는 수밖에 없었다. 작은 새는 무리에서 떨어져 혼자 남겨졌다. 사자의 따뜻한 오두막에서 책을 읽고 음식을 함께 먹으며 매일 즐거운 시간을 보냈다. 둘은 그렇게 그해 겨울을 났다. 겨울이 가고 봄이 오자 새떼가 돌아왔다. 작은 새는 사자에게 이제 떠나야 한다고 했다. 사자는 대답했다. "알고 있었어." 이 이야기책의 다음 페이지를 넘기면 우리는 마음챙김이 주는 가슴 저미는 첫 번째 통찰을 발견하게 된다. 풀이 죽어 혼자 집으로 걸어가는 사자의 그림 아래 이런 글귀가 적혀 있다. "때로 삶은 그런 거야." 사자는 정원을 가꾸고 책을 읽으며 혼자만의 생활에 다시 적응해간다. 그러던 중 다시 가을이 되자 놀랍고도 반가운 일이 일어난다. 작은 새가 돌아온 것이다. 둘은 함께 아늑한 겨울을 보낸다.

마리안느 뒤비크가 쓴 『사자와 작은 새The Lion and the Bird』라는 제목의 이 이야기는 자비란 어떤 것인지 보여주는 아름다운 사례이다.

자비는 명사라기보다 동사에 가깝다. 자비는 마음의 태도라기보다 행동이다. 이 책의 1~4부에서 소개한 대부분의 놀이가 자기 내면과 주변에서 일어나는 일을 자각함으로써 아이들이 지혜와 자비를 계발하는 자기 성찰 훈련이었다면, 지금부터 소개하는 놀이들은 그런 마음의 성질을 의도적으로 아이들의 실제 행동과 인간관계로 가져갈 것이다.

자비는 한 줄로 난 외길이 아니다. 때로 희생을 요구하기도 하지만 자비는 커다란 보람을 주는 역동적인 길이다. 아이들이 자비를 느끼면 실천하기도 더 쉬워진다. 그러나 자비의 진정한 시험대는 자비의 마음이 느껴지지 않아도 행동으로 실천해야 하는 경우다. 내가 이 책에서 선택한 주제들은 풍부한 의미로 가득한 전통에서 가져온 것들이다. 그러나 아이들, 가족들과 함께한 내 작업의 유산으로 물려줄 교훈을 하나만 꼽으라면 다음과 같다.

"성취를 내려놓으라. 결과보다 지금 당신이 하고 있는 일의 소중함에 더 집중하라. 그런 다음, 자연스럽게 음악이 흐르게 하라."

# 12장
## 열린 마음, 확대된 렌즈로 보기

지금은 성인이 된 딸아이가 어릴 때부터 쓰던 침실에서 우리 집에 잘못 배달된 편지를 정리하던 중이었다. 그때 우연히 나의 눈에 들어온 구절이 있었다. "esse quam videri." 라틴어였다. 몇 년 전 딸아이가 연녹색 포스트잇에 적어 책장 모퉁이에 붙여둔 것이다. 사전을 찾아보니 "겉으로 보이는 것보다 본질이 중요하다."라는 의미였다. 나중에 나는 딸에게 문자 메시지를 보내 그 의미에 대해 물었다. 딸은 바로 답 문자를 보내왔다. "You do You." 세 단어로 된 이 문자는 요즘 젊은이들이 쓰는 말인 듯했다. 딸에게는 각별한 의미가 있을지 몰라도 나는 바로 이해되지 않았다. 그래서 신조어 사전Urban Dictionary 웹사이트를 뒤졌더니 "더도 덜도 말고 그냥 평소의 당신 자신이 돼라."는 뜻이었다. 딸아이는 고전학을 공부하는 학생들이나 랩 음악의 충직한 팬들처럼, 지혜롭고 자비로운 세계관의 핵심 요소인 공감, 조율, 자비라는 세 가지 보편적 주제를 행동으로 보여주고 있었다.

공감, 조율, 자비는 흔히 구분 없이 사용되는 말이지만, 이들각 주제는 자기만의 고유한 의미를 갖고 있다. 공감empathy이 상대방의 관점에서 어떻게 보고 느끼는지 이해하는 능력이라면, 조율attunement은 상대방이 자신의 느낌을 나로부터 이해받는다고 느끼는 경험을 말한다. 또 자비compassion란 상대방의 관점을 이해하고 그가 어떻게 느끼는지 안 뒤에 지혜와 친절의 마음으로 응대하는 것이다. 이 주제들의 차이점이 대수롭지 않게 보여도 생생하게 살아 숨 쉬는 인간관계의 맥락에서는 중요한 의미가 있다. 예를 들어 어린이들이 누군가에게 공감한다 해도(즉, 상대방의 생각과 느낌을 이해한다 해도) 그 사람과 연결을 맺지 못한다면 아이들은 조율을 할 수도(이해받고 있다는 느낌을 상대방이 느낄 수도) 없고, 자비의 마음을 보낼 수도 없다(상대방에게 지혜롭고 친절하게 응대할 수도 없다).

그런데 고통을 겪고 있는 사람의 경험에 아이들이 공감하고 조율할 때 너무 깊이 연결을 맺은 나머지, 자신이 고통을 당하는 수도 있다. 상대방의 느낌과 지나치게 하나가 되면 지금 일어나고 있는 일에 객관적으로 대응할 수 없을 뿐 아니라 자비의 마음으로 응대하기도 어렵다. 앞에서 딸아이가 나의 물음에 답 문자를 보냈을 때, 딸아이는 엄마인 내가 무엇과 씨름하고 있는지 이해한다는 것을 내게 알려주고 있었다(공감). 그러자 엄마인 나는 이해받는다는 느낌이 들었고(조율), "나 자신이 돼라."는 딸아이의 격려는 곧 자비의 행동이었다.

상대방의 느낌을 이해하고 나누는 공감은, 조율과 자비의 전제조건이다. 다시 말해 공감은 조율과 자비로 들어가는 문이라고 할 수 있다. 『의식적 훈육』에서 베키 베일리는 아이들의 공감 능력은 아동기 초기에 처음 생긴 뒤 십대 때까지 지속적으로 발달한다고 한다. 6세 이전의 아이는 친구가 화가 나거나 슬퍼할 때 그것을 인지하기는 해도 위로와 동정을 표현하는 아이의 방식은 친구에게 큰 도움이 되지 않는다. 왜냐하면 아이는 아직 자기를 중심으로 세상을 보기 때문이다. 그러다 6~9세가 되면 친구와 가족에 공감하는 아이들의 능력은 보다 상호적인 성격을 띤다. 물론 아직까지도 아이의 공감 능력은 범위가 좁아 자기와 관계있는 특정 상황에 한정되어 있다. 이후 사춘기 이전(대략 9~12세)이 되면 아이의 공감 능력은 일반화되어, 자기와 다른 시간, 공간, 문화에 사는 사람들과도 공감할 수 있게 된다.

고연령 아동과 십대 청소년들은 사람 관계에서 조율하는 능력interpersonal attunement을 발휘한다. 상대방의 내면 세계에 열린 마음으로 주파수를 맞추고, 상대방은 자신이 이해받고 있다는 느낌을 받는다. 그런데 실제로 조율attunement이라는 말은 자녀가 부모나 친구를 대하는 방식으로서보다, 부모가 자녀에게 응대하는 방식을 가리키는 데 더 자주 사용된다. 조율은 애착attachment이라는 단어와 더불어 부모-자녀 사이의 감정 관계를 설명하는 데 주로 쓰인다. 애착과 조율이 원만하게 이루어진 관계는 시간과 장소를 초월해 자녀와 부모를 연결해주는 깊고 지속적인 감정적 유대감을 형성한다. 부모를 비롯한 돌봄 제공자에 대한 안정적인 애착 형성은 아이에게 심리적 안전감을 제공한다.

이렇게 집처럼 편안한 안전감을 형성한 아이는 이제 자신감을 가지고 가족을 넘어 더 큰 공동체로 나아간다. 아이가 성인이 되어 세상을 어떻게 보는가, 그리고 세상을 어떻게 살아가는가는 유전, 기질, IQ 등 여러 요인에 좌우되지만, 성인이 되어 세상을 살아가는 방식을 예측하는 주요 변수 가운데 하나가 아이의 초기 생애 경험이다. 이는 부모 입장에서 엄청난 책임감으로 다가온다. 완벽한 부모 같은 건 존재하지 않는다는 걸 머리로 안다고 해도 말이다. 그리고 아무리 이상적인 부모라도 단지 '그럭저럭 괜찮은' 부모일 뿐이라는 사실을 안다고 해도 말이다.

어린 아이들은 부모의 사소한 실패(즉, 자녀의 필요에 부응하려는 시도의 실패)에 적절히 대응함으로써, 그리고 부모가 짜증을 내거나 약속된 시간에 늦거나 자기를 깜빡깜빡 잊더라도 그 영향을 살짝 비켜가는 법을 배움으로써 점점 강인하고 자율적인 존재로 성장한다. '그럭저럭 괜찮은 엄마good-enough mother'라는 말을 만들어낸 소아과 의사이자 아동 심리분석가인 도널드 W. 위니컷 박사는 이렇게 말한다.

"그럭저럭 괜찮은 엄마는 처음에는 갓난아기의 필요를 완벽하게 보살피는 것으로 시작한다. 그러다 시간이 흐르면 엄마는 아기의 필요에 점점 덜 부응하게 되는데, 이 과정에서 아이는 엄마의 실패(즉, 아기의 필요에 완벽하게 부응하지 못하는 것)에 대처하는 법을 조금씩 터득해간다. 엄마가 아이의 필요를 완벽히 보살피지 못하는 것은 오히려 아이가 외부 현실에 적응하도록 도와준다."

아무리 좋은 의도와 인격을 가진 부모라도 하루 온종일 자녀의 필요에 완벽하게 부응할 수는 없다. 다행히도, 완벽한 부모가 필요한 것이 아니다. '그럭저럭 괜찮은' 부모라는 말을 만든 이유도 이 때문이다. 부모가 자녀의 필요를 돌보는 데 실수하는 것은 괜찮은 일일 뿐 아니라 당연히 일어날 수밖에 없는 일이다. 중요한 것은, 부모와 자녀가 실수에 대해 함께 이야기 나눔으로써 실수를 회복하는 일이다.

명상과 심리치료에 관한 책을 여러 권 쓴 마크 엡스타인 박사는 『정신과 의사가 붓다에게 배운 트라우마 사용설명서The Trauma of Everyday Life』라는 책에서 그럭저럭 괜찮은 부모 역할과 그럭저럭 괜찮은 명상을 연결시켜 이야기한다. "명상적 태도meditative posture를 꾸준히 일상생활에 적용하면, 마치 자녀의 필요에 지속적으로 조율하는 부모처럼, 마음의 잠재력이 발현될 수 있다. 그리고 마음의 잠재력은 '그럭저럭 괜찮은' 방식으로 그저 남겨두면 저절로 드러난다."

엡스타인 박사가 말하고 있는 명상적 자세는 (사람간 조율interpersonal attunement과 대비되는 의미에서) 내적 조율internal attunement의 하나이다. 한곳에 모으는 주의와 고르게 확산하는 주의를 설명할 때처럼, 내적 조율과 사람간 조율도 완전히 별개의 것으로 파악하는 것은 – 비록 이런 설명 방식이 도움이 되기는 해도 – 잘못이다. 확산하는 주의 안에 모으는 주의가 포함되듯이, 사람간 조율에도 내적 조율이 이미 포함되어 있다. 자녀에게 온전히 현존하는 부모는 자녀의 내적 경험뿐 아니라 부모 자신의 내적 경험과도 조율하고 있는 것이다. 사람간 조율과 내적 조율은 가족 관계의 안과 밖에서 항상 일어나고 있다. 농구 시합에서 함께 뛰는 같은 팀 멤버들이나 즉석에서 코미디 대본을 지어내는 희극 배우들은 자기들끼리, 그리고 자기 자신과 항상 조율하고 있다.

마음챙김을 "친절의 마음으로 나와 타인, 세상에 주의를 기울이는 것"이라고 표현하는 방식은 저연령 아동들이 자기와 타인을 구분 짓는 법을 연습할 수 있도록 한다. 이 연습은 아직 자아 중심적 발달 단계에 있는 저연령 아동이라도 충분히 가능하다. '나만의 비눗방울'과 '컵 건네기'라는 다음 두 놀이는 저연령 아동들이 발달상 적절한 방식으로 자기와 타인을 구분 짓도록 돕는다.

놀이 47

## 나만의 비눗방울

**내 몸을 둘러싼 커다란 비눗방울이 하나 만들어졌다고 상상하면서 나의 몸이 주변의 사람이나 사물과 어떤 관계를 맺고 있는지 자각한다.**

**삶의 기술** : 집중하기, 돌보기, 연결하기 **대상 연령** : 저연령 아동

놀이 진행 순서

1. **지도 포인트** : 선생님에게 비눗방울의 모양을 설명할 수 있는가?
2. 선생님의 몸을 둘러싸고 있는 비눗방울을 가상으로 하나 만들어볼 거예요.
   (선생님의 몸 주변에 가상의 비눗방울이 있는 것처럼 집게손가락으로 윤곽을 그린다. 그런 다음 손바닥을 편 채로 위로 올렸다 아래로 내렸다 하면서 비눗방울의 표면을 만지고 탐색하는 동작을 흉내 낸다. 마지막으로 이 비눗방울에 각종 장식을 다는 동작을 취한 다음, 어떤 모양으로 장식했는지 아이들에게 말해준다.)
3. 이제 여러분도 나만의 비눗방울을 한번 만들어보세요. 여러분의 비눗방울은 어떻게 생겼는지 선생님에게 말해줄래요?
   (아이들이 가상으로 만든 비눗방울을 선생님이 손바닥으로 만져보는 흉내를 내본다.)

4. 지금부터 선생님과 함께 다른 마음챙김 놀이를 더 해볼 거예요. 그 과정에서 여러분이 만든 비눗방울을 확인해보라고 간간이 일러줄 거예요.

**지도 방법**

1. 자기 통제력을 길러주는 차원에서, 가상의 비눗방울을 터뜨리지 않고 아이의 손바닥을 선생님의 손바닥에 얼마나 가까이 가져갈 수 있는지 해보게 한다. 또 아이들의 어깨와 팔꿈치를 비눗방울을 터뜨리지 않고 선생님의 어깨와 팔꿈치에 최대한 가까이 가져가보게 한다. 이때 아이들의(또는 선생님의) 비눗방울을 터뜨리지 않게 유의하면서 선생님에게 가까이 다가가게 한다.

'풍선 팔', '똑딱똑딱', '지퍼 올리기' 놀이와 '나만의 비눗방울' 놀이, 그리고 다음에 소개하는 '컵 건네기' 놀이는 저연령 아동의 집중력을 키우고 자신의 몸이 공간에서 어떻게 움직이는지 자각하는 재미있는 놀이이다.

팀워크와 협응력을 키우는 '컵 건네기' 놀이는 아이들에게 자신의 몸이 다른 사람들(그들의 팔, 다리, 손, 팔꿈치)이나 사물들(테이블, 의자, 물이 가득 든 컵)과 어떻게 관계 맺는지, 그리고 자기 몸의 움직임이 어떤 성질을 지녔는지(느릿느릿한지 재빠른지, 자연스러운지 경직되었는지) 알아차리게 한다. 먼저 깨지지 않는 작은 컵을 준비한다. 컵에 넘치지 않을 정도로(컵 가장자리에서 2.5센티미터 정도 아래까지) 물을 가득 붓는다.

놀이 48

## 컵 건네기

**팀워크를 활용해 지금 우리 주변에서 어떤 일이 일어나고 있는지 주의를 기울이면서, 물이 가득 든 컵을 물을 흘리지 않고 옆으로 건넨다. 처음에는 눈을 뜨고 건네고, 다음에는 눈을 감고 건넨다.**

---

**삶의 기술** : 집중하기, 돌보기, 연결하기　**대상 연령** : 저연령 아동

---

### 놀이 진행 순서

1. 물을 흘리지 않고 물이 든 컵을 옆에 앉은 친구에게 건넬 거예요. 물이 쏟아지지 않게 하려면 어디에 주의를 기울여야 할까요? (컵과 친구를 번갈아 봐야 해요, 그리고 나의 손을 느끼면서 천천히 팔을 움직여야 해요.)
2. 자. 이제 준비되었나요? 시작해볼게요.
   (아이들이 말을 하지 않고 옆의 두세 명 친구에게(또는 한 바퀴를 돌아) 컵을 건네도록 한다.)
3. 이번에는 눈을 감고 컵을 건넬 거예요. 말을 할 수도, 눈으로 볼 수도 없다면 어디에 주의를 기울여야 물을 쏟지 않고 컵을 건넬 수 있을까요? (옷이 스치는 소리, 옆에 앉은 친구가 가까이 다가오는 느낌, 손에 든 컵의 느낌에 주의를 기울여야 해요.)
   (아이들이 말을 하지 않고 눈을 감은 채 컵을 건네도록 돕는다.)

### 지도 방법

1. 나이가 어린 저연령 아동을 상대로 할 때는 먼저 뚜껑이 잠긴 물병으로 연습한다. 아이들이 익숙해지면 뚜껑이 없는 컵을 건네게 한다.
2. 물을 흘리지 않으려면 꽤 주의를 기울여야 할 만큼 충분히 물을 채운다. 그렇다고 물을 흘릴 수밖에 없도록 너무 가득 채워도 안 된다.
3. 여러 명의 아이들과 놀이를 할 때는 둥글게 둘러앉는 것이 좋다. 한 바퀴 원을 그리며 컵을 건넸다면 이번에는 반대 방향으로 해본다.

다음 놀이에서 아이들은 지금까지 소개한 자기 성찰 놀이에서 배운 삶의 기술과 주제를 친구·가족과의 대화에 적용하는 법을 익힌다.

놀이 49

## 안녕 놀이

**돌아가면서 서로에게 '안녕' 하고 인사를 건넨 다음, 상대방의 눈을 관찰한다. 이를 통해 집중력을 키우고 상대방과 시선을 마주치는 연습을 한다.**

**삶의 기술** : 집중하기, 돌보기, 연결하기 **대상 연령** : 모든 연령

### 놀이 진행 순서

1. 우리는 상대방의 눈을 들여다보며 강렬한 감정을 느낄 때가 있어요. 부끄러울 때도 있고 당황스러울 때도 있어요. 흥분되거나 행복할 때도 있죠. 눈을 마주칠 때마다 다른 느낌이 들 수도 있어요.
2. 이제 우리 함께 눈을 맞춰볼까요. 선생님이 "안녕" 하고 여러분에게 인사한 다음, 여러분의 눈을 보고 어떤 특징이 있는지 말해줄 거예요. 그런 뒤에는 여러분끼리 돌아가며 인사하고 말해보는 거예요. 자, 시작할게요. "안녕, 네 눈은 속눈썹이 길어 보인다."
3. 이제 여러분이 돌아가며 해볼 차례에요.
4. 어떤 느낌이 들었나요?
5. 다시 한 번 해볼까요.

### 지도 방법

1. '안녕 놀이'는 가족 끼리 저녁식사 테이블에서 해도 좋다. "안녕, 좋은 저녁이야, 네 눈은 반짝반짝 빛이 나는 것 같구나." 아침에 일어나자마자 해도 좋다. 날씨를 화제로 아침 인사를 하는 것이다. "○○야, 안녕. 오늘은 하늘

이 맑을 것 같구나."

2. "네 눈은 ○○(으)로 보이는구나."라는 표현과 "네 눈은 ○○하다."라는 표현이 주는 어감의 차이에 유의한다. "…(으)로 보이는구나."의 표현은 아이들이 결론으로 성급히 치닫지 않고, 가만히 관찰하는 연습 기회가 된다. 실제로 한 사람의 눈을 바라볼 때 아이들마다 각기 다른 느낌을 갖게 되는데, 이때 단정적인 표현을 사용하면 아이의 마음에 영향을 끼칠 수도 있으므로 조심해야 한다.
3. 아이들이 처음에 새로운 친구나 잘 모르는 어른과 놀이를 할 때 부끄러워 눈을 가리더라도 놀라지 말라. 이 경우에는 선생님의 눈에 보이는 대로 사실을 말해준다. "○○야 안녕, 네 눈은 지금 손에 가려져 있구나!"

'안녕 놀이'에서 "안녕." 다음에 하는 말은 아이들이 자기 내면과 주변에서 일어나는 일을 더 잘 알아차리도록 얼마든지 바꾸어도 좋다. 그리고 고연령 아동들이 흥미를 느낄 수 있도록 변화를 주어도 무관하다. 예를 들어, 아이들이 서로에게 선한 바람을 보내거나 고마운 사람과 물건의 이름을 부르게 하면 친절과 감사의 주제를 표현하는 연습이 된다. 모든 선입견을 내려놓은 채 친구에게 질문하고 대답을 듣는 과정에서 아이들은 열린 마음과 조율 등의 주제를 연습하게 된다. 그 밖에 '안녕 놀이'에 사용할 수 있는 말을 몇 가지 예로 들면 다음과 같다.

- 바로 지금 네가 보고 듣고 맛보고 냄새 맡고 만지고 있는 것을 한 가지만 말해줄래?
- 너 자신에게 선한 바람을 보내는 건 어때? 아니면 친구와 지

구에게 보내보는 건 어떨까?

- 지금 이 순간, 무슨 생각을 하고 있니? 지나간 일을 떠올리고 있니? 아니면 아직 일어나지 않은 일을 머릿속에 그리고 있니? 그것도 아니면 바로 지금 일어나는 일을 알아차리고 있니?
- 지금 네가 하고 있는 몸짓은 네가 생각하고 느끼고 있는 것을 친구에게 알리는 거니?
- 친구의 몸짓도 한번 보렴. 친구가 지금 어떻게 생각하고 느끼는지 한번 맞춰볼래?
- 만약 네가 가진 감각 중에 가장 강력한 것을 하나 택하라면 어떤 것일까? 그 감각을 세상에 도움이 되도록 사용하는 방법은 뭘까?

예측과 편견으로 아이와 부모의 관점이 흐려지면, 상대의 말을 알아차림으로 듣는 것은 매우 어려워진다. 다음에 해볼 '되돌려 비추기' 놀이는 아동과 십대, 부모의 대화가 샛길로 흐르지 않게 해주는 몇 가지 검증된 지침을 소개한다.

놀이 50

## 되돌려 비추기

아래 방법은 우리가 말을 하고 들을 때, 서로 도움 되는 자비의 마음을 나누는 식으로 말하고 듣도록 해준다.

**삶의 기술** : 집중하기, 돌보기, 연결하기 **대상 연령** : 고연령 아동, 십대

### 되돌려 비추기를 위한 지침

1. 비언어적 신호(목소리 톤, 몸짓, 강도, 얼굴 표정 등)가 때로 많은 것을 말한다는 점을 기억하자. 몸짓은 우리가 의도하지 않은 메시지를 상대방에게 보낼 수 있다는 점을 잊지 말자.
2. 처음부터 특정한 의도를 갖지 않은 상태로 상대의 말에 귀를 기울인다.
3. 내가 갖고 있는 편견이나, 상대의 말이 나의 내면에 일으키는 반응에 유의한다. 상대의 말을 되씹지 않고, 그가 말하는 것을 있는 그대로 듣도록 노력한다.
4. 말하기 전에 지금 내가 하려는 말을 속으로 예행 연습하는 것은 자연스러운 일이다. 그리고 방금 내가 내뱉은 말을 다시 생각해보는 것도 자연스러운 현상이다. 그렇지만 지금부터는 되도록이면 이 두 가지를 자제하도록 해본다. 그리고 가능한 한 현재에 머물도록 노력해본다.
5. 침묵도 대화의 중요한 일부임을 기억하자.
6. 상대의 속마음을 내 멋대로 예단하거나 나의 경험과 상대의 경험을 비교하지 말자. 그보다 질문을 던지는 것이 더 도움이 될 수 있음을 기억하자.
7. 대화중에 내 생각에 푹 빠져들거나 의도치 않게 내가 원하는 방향으로 대화를 끌고 가는 걸 알았을 때는 일단 멈추자. 이렇게 대화가 샛길로 흐르고 있음을 인지한 순간이 깨어있는 알아차림을 둘 수 있는 순간이다. 이 순간이 대화를 새롭게 시작할 수 있는 기회임을 기억하자.

### 지도 방법

1. 판단하지 않는 알아차림nonjudgmental awareness은 마음챙김 수련에서 매우 중요한 주제임에도 어린이와 성인 모두 잘못 이해하는 경우가 많다. 12장에 소개한, **돌보기**와 **연결하기**를 강조하는 관계 놀이에서 우리는 아이들과 부모들에게 판단을 잠시 유보하는 열린 마음으로, 그리고 성급히 결론으로 치닫지 않고 상대의 말에 귀를 기울이도록 요청한다. 그러나 이 지침은 마음챙김 수련에서 판단을 아예 내리지 말라는 의미가 아니다. 예를 들어, **집중하기**를 강조하는 놀이에서 아이들은 어디에 주의를 향해야 하는지 현명한 선택과 '판단'이 필요함을 배운다. 그리고 **보기**를 강조하는 놀이에서도 아이들은 지혜와 자비의 마음으로 세상을 살아가는 데는 '판단'이 필요함을 알게 된다.

아이들은 좋은 의도임에도 신중하게 생각하지 않고 불쑥 내뱉은 말로 친구의 감정을 상하게 하는 경우가 있다. 누구나 이런 실수를 저지른다. 그러고는 나중에 후회한다. 다음 놀이에 소개하는 일련의 질문을 통해 이런 일을 예방할 수 있다. 나는 이 질문들을 가지고 아이들에게 분별력에 대해 가르친다. 이 질문들은 캘리포니아 산타모니카에 소재한 크로스로드 예술과학 학교의 초등학교 퇴임 이사인 조니 마틴에게 배운 것이다. 우리 아이들이 그 초등학교에 다닐 때 그녀는 학교 현관 입구에 아래의 세 가지 질문을 붙여두었다. 아이들이 서로를 존중하는 마음으로 대화하게 하려는 취지였다.

## 놀이 51 세 개의 문

**자신에게 세 가지 질문을 던져 지금 내가 하려는 말이 서로에게 도움이 되는 친절한 말인지 확인한다. 세 가지 질문은 "사실과 일치하는 말인가? 필요한 말인가? 친절한 말인가?"이다.**

**삶의 기술** : 새롭게 보기, 돌보기, 연결하기 **대상 연령** : 모든 연령

#### 토론 진행 순서

1. **지도 포인트** : 우리는 의도하지 않았지만 상대의 기분을 다치게 하는 때가 있다. 지금 내가 하려는 말이 상대방을 존중하는 말인지 어떻게 알 수 있을까? 또 의도치 않게 상대방의 마음을 다치게 했다면 어떻게 해야 할까?
2. 말을 하기 전에 나 자신에게 다음 세 가지 질문을 던져보세요. 그러면 상대방의 마음을 다치게 하는 일을 피할 수 있어요. "내가 하려는 말은 사실인가? 필요한 말인가? 친절한 말인가?"라는 질문이에요.
   (선생님이 지금 하려는 말을 예로 들어 아이들과 함께 세 가지 질문을 던진다. 이렇게 해서 그 말이 친절한 말인지, 상대를 존중하는 말인지 같이 생각해보는 기회를 갖는다.)
3. **지도 포인트** : 세 가지 질문을 던져야 하는 때는 언제인가? 지금 내가 하려는 말이 상대를 존중하는 말이 아닐 수도 있음을 느낄 수 있는가?
   (선생님의 경험을 아이들과 나누고, 아이들의 경험도 들어본다.)
4. 다음번에 만약 여러분이 하려는 말이 상대를 존중하지 않는 말이라고 느껴질 때, 이 세 가지 질문을 여러분 자신에게 던져보세요. 그리고 어떤 일이 일어나는지 보세요.

#### 지도 방법

1. 고연령 아동이라면 다음의 네 번째 질문을 던져도 좋다. "지금이 이 말을 하기에 적절한 때인가?"
2. 말을 할 때마다 항상 이 세 가지 질문을 던질 필요는 없다고 아이들에게 일러준다. 지금 내가 하려는 말이 서로에게 도움 되지 않는 말이라는 느낌이 들 때 질문을 던지면 된다.
3. '세 개의 문' 놀이로 '서로에게 도움 되는 말'이라는 주제에 관하여 아이들과 이야기를 나누어본다. 또 '도움이 되는가?' 놀이로 '서로에게 도움 되는 행동'이라는 주제에 관해 이야기 나눠본다.

4. ‘안녕 놀이’, ‘되돌려 비추기’ 놀이, ‘세 개의 문’ 놀이 등 관계 놀이를 한 뒤에 서로의 경험을 나누는 시간을 갖는다. 이를 통해 아이들과 십대들이 따뜻한 마음으로 말하고 행동할 때의 느낌과, 화나고 불친절한 마음으로 말하고 행동할 때의 느낌을 비교하도록 한다. 이런 나눔 작업을 통해, 그리고 ‘선한 바람’, ‘몸과 마음의 연결성’ 같은 놀이를 통해 아이들은 자신의 몸과 마음이 서로 연결되어 있음을 깨닫는다.

아이들은 앙트아네트 포티스의 똑똑한 그림책 『이건 상자가 아니야Not a Box』를 읽고 공감과 자비라는 주제에 관해 생각하는 기회를 가질 수 있다. 놀이를 시작하기 전에 이 책의 구성을 잠시 눈여겨봐두면 좋다. 이 책은 이름 없는 화자가 질문을 던지는 갈색 페이지를 넘기면 토끼가 질문에 그에 답하는 붉은색 페이지가 나타나는 구성이다.

## 놀이 52 이건 상자가 아니야

앙트아네트 포티스의 『이건 상자가 아니야Not A Box』에 나오는 글과 그림을 주의 깊게 읽으며 주인공 토끼의 생각과 느낌을 이해해본다.

**삶의 기술** : 새롭게 보기, 돌보기, 연결하기
**대상 연령** : 저연령 아동, 고연령 아동

### 놀이 진행 순서

1. 함께 이야기를 읽어보아요.
   (갈색으로 된 첫 페이지를 아이들에게 읽어준다. 화자가 "토끼야, 상자 안에서 뭐 해?"라고 토끼에게 묻는 장면이다.)
2. 이 질문을 던지는 목소리의 주인공은 누구일까요?
   (아이들의 대답을 귀 담아 듣는다. 그런 다음 붉은색 페이지로 넘겨 읽는다. "뭐? 상자? 이건 상자가 아니야.")
3. 상자가 아니면 뭘까요? 토끼는 어떻게 생각하는 걸까요? 그리고 토끼에게 질문하는 사람은 또 어떻게 생각하고 있을까요?
   (아이들의 대답을 경청한다. 이어서 또 다른 질문이 적힌 다음 갈색 페이지와 그에 대한 토끼의 답을 읽어준다. 각 페이지마다 아이들에게 이렇게 질문한다. "상자가 아니면 뭘까요? 토끼는 어떻게 느끼고 있는 걸까요? 그리고 토끼에게 질문하는 사람은 또 어떻게 느끼고 있을까요?"
   "이건 절대, 절대, 절대 상자가 아니야."라는 구절을 읽은 다음에 멈춘다.
4. 토끼는 지금 어떻게 느끼고 있을까요? 토끼가 원하는 건 뭘까요? 질문하는 사람은 무엇을 기대하고 있을까요? 토끼와 질문하는 사람은 어떻게 느끼고 있을까요?
   (아이들의 생각을 경청한 뒤 다음 페이지를 넘겨 "상자가 아니면 뭐지?"라고 어른이 반문하는 구절을 읽는다.)
5. 상자가 아니면 뭘까요?
   (아이들의 대답을 들은 뒤 다음 페이지를 넘긴다. 다음 페이지에는 아무것도 적혀 있지 않다. 단지 토끼가 상자 위에 앉아 생각하고 있는 그림만 있다.)
6. 토끼는 상자 위에서 무얼 하고 있을까요?
   (아이들의 답을 경청한 뒤 다음 페이지로 넘겨 책을 마무리한다.)
7. **지도 포인트** : 당신이 무언가를 보는 방식이 다른 사람과 달랐던 때가 있었는가? 그 이야기를 들려줄 수 있는가? 당신이 오해를 받았던 적이 있었다면 그 이야기를 해줄 수 있는가? 또 오해를 받았어도 저절로 문제가 해결되었던 이야기를 들려줄 수 있는가?

"궁금하구나I wonder."라는 문장은 상대방의 입장에서 본다는 게 어떤 것인지 생각해볼 수 있는 부드럽고 효과적인 표현이다. 예를 들어 아이에게 이렇게 물어본다. "선생님은 지금 네 친구가 어떻게 느끼는지 궁금하구나." 또는 십대 아이에게 "어떻게 이런 일이 일어났는지를 바라보는 또 다른 관점이 있는지 궁금하구나." 이런 대화를 나눌 때에도 아이들의 발달 단계를 염두에 두어야 한다. 미취학 아동과 저연령 아동은 아직 주변에서 일어나는 일을 주로 자신의 관점에서 바라본다. 이 때문에 이 아이들과 **돌보기**에 관한 대화를 나눌 때는 아이 본인의 경험을 중심에 놓고 대화를 진행하는 것이 효과적이다. "남에게 대접을 받고자 하는 대로 너희도 남을 대접하라."는 황금률에서 보듯이 부모와 교사는 아이의 관점에서 대화를 진행하는 것이 좋다.

아이들이 발달 단계에 맞는 방식으로 공감하고 표현하는 능력을 갖추었다 해도, 아이들 스스로 자기 감정을 제대로 다스리지 못하면 공감을 느끼고 표현하기가 쉽지 않다. 아이들은 무언가를 어렴풋이 갖고 싶다는 강렬한 욕구 때문에 힘든 감정을 경험하곤 하는데, 정작 자신이 무엇을 원하는지 모르는 경우도 있다.(어른들도 같은 문제에 부딪힌다.) 예를 들어, 고연령 아동과 십대들은 자신이 친구에게 특정한 무엇을 바란다고 생각하지만(예를 들어 프로젝트에 파트너로 초대받는 등), 실제로 자신이 원하는 바는 그 친구가 자기를 마음으로 안아주고 더 깊은 우정을 맺는 것일 수 있다. 자신이 원하는 바를 얻지 못하는 데 따르는 부정적 감정에 오래 골몰할수록 아이들의 시야는 좁아지고, 지금 일어나는 일을 상대방의 관점에서 보는 능력도 떨어지게 된다. 결과적으로 자신이 원하지 않는 일이 실제로 벌어질 확률도 높아진다. **고요하게 하기, 집중하기, 보기, 새롭게 보기, 돌보기, 연결하기** 등의 주제를 다루는 놀이를 통해 아이들은 부정적 감정에 빠져 시야가 좁아지는 자신을 관찰하고, 지금 일어나는 일을 상대방의 관점에서 보도록 관점을 이동시킬 수 있다. 이렇게 확대된 렌즈를 통해 아이들은 우리 모두가 상호 의존하는 관계에 있으며 모든 것은 변화한다는 것을 이해할 수 있다.

2부 보기 그리고 새롭게 보기에서 다룬 상호 의존성과 '모든 것은 변화한다'는 주제에 관해 생각해봄으로써 고연령 아동과 십대들은 지금 일어나는 일이 수많은 요인들에 의해 생긴 결과라는 점을 떠올릴 수 있다. 그중 어떤 요인은 우리가 알 수 있고, 또 어떤 것은 알 수 없는 요인들이다. 스스로 찾아보고, 자신이 배운 모든 것을 열린 마음으로 생각해보더라도 상대방의 상황과 관점을 납득할 만큼 충분히 정보를 갖지 못할 수도 있음을 아이들은 알게 된다.

글 없이 그림만 있는 이슈트반 바녀이의 『줌, 그림 속의 그림 Zoom』이라는 그림책은 아이들이 더 큰 그림의 일부만을 볼 경우, 무언가 또는 누군가에 관하여 틀린 생각을 갖기가 얼마나 쉬운지를 잘 보여준다.

놀이 53

## 그림 속의 그림 :<br>친절하고 인내심 있는 관찰자

**『줌, 그림 속의 그림』이라는 그림책을 보고, 우리가 충분한 정보를 갖지 못할 경우 틀린 결론으로 성급히 치닫기가 얼마나 쉬운지 알 수 있다.**

**삶의 기술** : 새롭게 보기, 돌보기, 연결하기　　**대상 연령** : 모든 연령

### 놀이 진행 순서

1. 이 책에는 글이 하나도 없어요. 그림만 있어요. 책을 들여다볼까요.
2. 첫 페이지에는 붉은색과 오렌지색의 뾰족한 모양에 점들이 그려져 있어요. 그리고 이 모양의 주변에도 점들이 마구 뿌려져 있어요.
3. 이 뾰족한 모양은 무엇일까요? 또 뾰족한 모양 주변에 있는 점들은 무엇일까요?
   (아이들의 대답을 듣는다.)
4. 정말 그런 것 같아요?
   (다음 페이지를 넘기면 이 뾰족한 모양이 수탉의 붉은색 볏이라는 걸 알게 된다. 주변에는 점들이 흩뿌려져 있다.)
5. 수탉이네요. 그런데 주변의 점들은 여전히 그대로군요. 이 점들은 무엇일까요?
   (아이들의 대답을 듣는다.)
6. 정말 그런 것 같아요?
   (다음 페이지를 넘기면 수탉이 무엇인가의 위에 앉아 있고, 두 아이가 창문으로 수탉을 구경하는 그림이 나온다.)
7. 이 아이들은 지금 실내에 있는 것 같아요, 아니면 바깥에 있는 것 같아요? 수탉은 어때요? 집 안에 있나요, 바깥에 있나요? 점들은 아직도 여전히 있군요. 이 점들은 대체 뭘까요?
   (아이들의 대답을 듣는다.)

8. 정말 그런 것 같아요?
   (페이지를 넘기면서 아이들에게 이런 질문들을 계속 던진다. 책의 후반부에 가면 지금까지 아이들에게 보여준 그림들 – 수탉, 아이들, 농장 등 – 이 결국 장난감의 일부라는 게 드러난다. 그런데 그림에서 보이던 점들은 설명도 없이 사라져버렸다.)
9. 결국 알고 보니 무엇이었죠? 그리고 그 점들은 어떻게 된 걸까요?
   (아이들의 대답을 듣는다.)
10. 정말 그런 것 같아요?
    (책을 더 넘기면서 책의 마지막에 이를 때까지 이런 질문들을 아이들에게 던진다.)
11. **지도 포인트** : 선생님이나 그 밖의 누군가가 충분한 정보를 갖지 못한 상태에서 성급히 결론을 내린 경우를 이야기로 들려주라. 그 결론은 맞는 것이었나? 맞았다면 또는 맞지 않았다면 그 이유는 무엇이라고 생각하는가?

큰 그림을 보기가 어려운 이유는 무엇인가. 우리가 무엇을 어떻게 보고 생각하고 듣는가는 삶에서 일어난 일에 영향을 받기 때문이다. 부모는 자신의 희망, 두려움, 편견, 가치를 아이의 경험에 투사하고, 아이는 또 자신의 희망, 두려움, 편견, 가치를 부모의 경험에 되비춘다. 이렇게 상호 연결된, 끊임없이 변화하는 인식과 투사의 그물망에 얽힌 우리이기 때문에 누구도 상대방의 경험을 온전히 알고 느낄 수는 없다. 그렇지만 부모와 자녀가 지금 일어나는 일을 상대방의 관점에서 열린 마음으로 보려고 노력한다면 양쪽의 관점은 얼마든지 가까워질 수 있다. 열린 마음, 상호 의존성, 모든 것의 변화성, 명료함 등의 주제를 실제적으로 이해하는 작업은 '받아들임acceptance'이라는 주제로 자연스럽게 이어진다. 받아들임은 지혜롭고 자비로운 세계관에서 중심적 위치를 갖는 또 하나의 주제이다.

우리는 다른 사람의 행동을 이해하게 해주는 요인을 모두 알 수도, 통제할 수도 없다. 그리고 우리는 이 사실을 어렵지 않게 받아들인다. 그러나 '자신의 행동에 관한' 요인들조차 모두 다 알 수 없고 통제할 수 없다는 생각은 받아들이지 못한다. 이는 아이들도 마찬가지다. 아이들은 자기와 더 많은 시간을 함께하는 완벽한 부모가 존재한다고 생각한다. 겉으로 볼 때, 완벽한 부모들은 완벽한 점심 도시락을 싸주고, 완벽한 생일파티를 준비하며, 완벽한 문화 체험을 계획한다. 그런데 '받아들임'은 이런 생각에서 한발 물러나 이상적 부모에 대한 선입견을 내려놓고 열린 마음으로 더 큰 그림을 보는 여유 공간을 제공한다. 마음의 여유 공간을 갖는다면 자신을 비롯한 모든 사람이(겉으로 완벽해 보이는 부모까지 포함해) 스스로 할 수 있는 일에 한계가 있을 수밖에 없다는 점을 인식하게 된다. 삶의 이 명백한 진실을 받아들이는 것은 쉽지 않다. 오히려 외면하기가 더 쉽다. 그러나 있는 그대로의 자기 모습에 편안하게 여기는 것이 꼬인 모양의 프레첼 과자처럼 자신을 변형시켜 다른 사람처럼 되는 것보다 훨씬 현명한 모델링 방식이다.

'그럭저럭 괜찮은 부모'라는 모토는 몇 년 전 우리 딸이 책장 모퉁이에 붙여둔 연녹색 포스트잇에 적힌 글귀와 일맥상통했다. "esse quam videri, 겉으로 보이는 것보다 본질이 중요하다."

# 13장
## 자유에 이르는 길

나이 든 지혜로운 벌새 한 마리가 자전거를 타고 가다 어린 벌새 한 마리를 만났다. 어린 벌새는 등을 바닥에 대고 누운 채로 발바닥은 하늘을 향하고 있었다. "발을 허공에 든 채로 무얼 하고 있니?" 늙은 벌새가 물었다.

어린 벌새가 대답했다. "오늘 하늘이 무너진다는 이야기를 들었거든요."

나이 든 벌새는 머리를 긁적이며 말했다. "혼자서 그 가녀린 다리로 하늘이 무너지는 걸 막을 수 있겠니?"

"어쨌든 도움은 될 거예요." 어린 벌새가 말했다. 지혜로운 벌새는 어깨를 으쓱하더니 자신의 발바닥을 하늘로 향한 채로 어린 벌새 옆에 함께 누웠다. 그렇게 둘이 웃고 농담하며 시간을 보내던 중 거대한 몸집에 까칠한 성격의 코끼리가 곁을 지나갔다. 코끼리는 벌새들을 보고 쓸데없는 시간 낭비라며 코웃음 쳤다. 그러나 친구가 된 두 벌새는 신경 쓰지 않았다.

조금 지나 또 한 마리의 벌새가 합세했다. 그 다음 네 번째, 다섯 번째, 여섯 번째 벌새가 합류하더니 이내 긴 행렬을 이루었다. 벌새들은 가녀린 다리를 하늘로 향한 채 웃고 노래하며 재잘재잘 이야기를 나눴다.

밤이 되자 코끼리가 다시 돌아와 말했다. "거봐, 아무 일도 일어나지 않았잖아. 결국엔 시간 낭비였어." 그러나 맨 처음 하늘로 발바닥을 향하고 누운 벌새는 생각이 달랐다. "효과가 있었어." 벌새는 바닥에서 일어나 깃털을 털며 말했다. "모두들, 축하해."

벌새들은 목적을 달성했다고 믿었으며, 그날을 대성공의 날로 선언했다. 그런 뒤 내일 다시 세상을 구하기 위해 만나자는 약속을 하고는, 삼삼오오 무리지어 저녁식사와 취침을 하러 둥지로 날아갔다.

나이 든 지혜로운 벌새는 어린 벌새가 세상을 구하는 걸 실제로 도와주려는 목적이었을까? 아니면 그저 어린 벌새 곁에서 다정한 친구가 되어주려 했던 걸까? 그 답은 나이 든 벌새 자신만이 알 것이다. 하지만 친절은 주는 사람과 받는 사람 모두의 건강에 좋다. 일상을 편안하고 즐겁게 만든다. 캘리포니아 리버사이드 대학의 소냐 류보머스키 교수는 『행복의 노하우How of Happiness』라는 책에서, 친절은 주는 사람과 받는 사람을 연결시켜 결과적으로 친절을 주는 사람이 받는 사람의 좋은 면을 발견하게 만든다고 한다. 여기서 그치지 않고 친절을 받는 사람이 또 다른 친절을 베풀도록 영감을 준다. 또 친절을 베푸는 사람은 스스로를 이타적이고 관대한 사람이라고 생각함으로써 자신을 긍정적으로 여긴다. 조건 없는 친절한 행동은 반드시 익명으로 해야 하는 것도 아니고, 대단한 행동일 필요도 없다. 가장 의미 있는 친절은 일상의 작은 행동인 경우가 많다. 자동차가 방전되어 곤경에 빠진 낯선 이에게 배터리 충전 케이블을 빌려주거나, 같은 비행기에 탄 승객이 무거운 짐을 선반에 올리는 걸 돕는 등, 일상의 문제를 해결하기 위한 작은 행동이면 된다.

오랜 세월, 명상가들은 드러내지 않고 사람들에게 선한 바람을 보냄으로써 그들을 위해 좋은 일을 행하는 수련을 해왔다. 다음 놀이는 이 고전적 자애 수련을 아이들 연령에 맞게 응용시킨 활동적 놀이이다.

놀이 54

## 세상을 위한 바람

가상의 커다란 풍선에 세상을 위한 우리 모두의 선한 바람을 담아본다. 함께 하늘 높이 풍선을 띄우며, 지구상의 모든 사람에게 보내는 우리의 선한 바람을 띄워 보낸다.

**삶의 기술** : 집중하기, 돌보기, 연결하기 **대상 연령** : 저연령 아동, 고연령 아동

놀이 진행 순서

1. **지도 포인트** : 무언가를 시각화 또는 상상한다는 건 어떤 의미인가? 선한 바람friendly wishes이란 무엇인가?
2. 지금부터 우리는 커다란 풍선에 세상의 모든 것들이 잘 되기를 바라는 '선한 바람'을 담아 세상에 띄워 보낸다고 상상해볼 거예요.
3. 머릿속으로 상상한 풍선을 함께 들어보아요. 다 같이 손을 내밀어 풍선을 들어보세요. 이렇게요.
4. 풍선은 어떤 모양인가요? 색깔은요? 반짝반짝 빛나는 풍선인가요? 물방울무늬가 그려진 공인가요, 아니면 줄무늬 풍선인가요? 눈을 감고 풍선의 모양과 색깔을 구체적으로 떠올려보세요.
5. 이제 차례대로 우리의 선한 바람을 풍선에 담아볼 거예요. 먼저 여러분 가운데 세상을 위한 선한 바람을 가진 친구가 있을 거예요. 그럼 그 선한 바람을 속으로 풍선에 담아 보세요.
   (아이들이 자신의 선한 바람을 말하고 몸짓으로 그 바람을 풍선에 담도록 한다. 선한 바람을 하나씩 집어넣을 때마다 풍선이 점점 더 커지고 무거워진다고 얘기해준다.)
6. 이제 셋까지 센 다음, 다 같이 풍선을 하늘 높이 날릴 거예요. 하나, 둘, 셋! 자, 풍선에게 작별 인사를 해보세요. 그리고 저 풍선이 우리의 바람을 담아 지구의 모든 사람에게 가 닿는다고 상상해보세요.

아이와 가족이 특정 목적을 위해 헌신하든, 갈등 해결을 위해 행동하든, 아니면 그저 이타적인 행동이든 상관없이, 마음챙김과 명상으로 계발시키는 주제들과 삶의 기술은 어떤 상황에서도 지혜와 자비로 대할 수 있도록 다음의 기본적인 행동 틀을 제공한다.

• 우선, 내가 어떤 동기를 가졌는지 확인한다.
• 그런 다음 스스로 조사한다.

- 열린 마음으로 큰 그림을 본다.
- 어떻게 대응할지 선택한다. 그런 다음 자연스럽게 음악이 흐르도록 한다.
- 이후에, 어떤 일이 일어났는지 되돌아보고, 혹시 분노나 다친 감정이 있었다면 보듬고 풀어준다.

### 내가 지닌 동기를 확인하라

상호 의존성의 주제를 탐구하는 놀이를 해보며 아이들은 무수히 많은 요인이 자신이 내리는 선택에 영향을 준다는 사실을 알게 된다. 그리고 그 요인들 가운데 많은 부분이 스스로 통제할 수 없다는 사실을 깨닫는다. 반면에, 또 하나의 보편적 주제인 동기는 아이들이 통제할 수 있는 요인이다. 이 장의 맨 앞에 소개한 벌새처럼, 그림책 『당근 씨앗』의 주인공 남자아이처럼, 그리고 『사자와 작은 새』에 나오는 작은 새처럼 아이들은 결과보다 친절의 마음을 더 중요하게 여길 수 있다. 그러나 친절을 중요하게 여기는 것이 반드시 타인의 필요를 자신의 필요보다 우선해야 하는 건 아니다. 단지, 어떤 결정을 내리고 말하고 행동할 때, 나와 타인을 같이 염두에 두라는 의미다. 또 친절을 우선한다고 해서 행동에 따르는 결과에 무심하라는 의미도 아니다. 결과는 중요하다. 하지만 현실을 직시할 필요는 있다. 아이들은 자신이 통제할 수 없는 일도 있다는 현실을 받아들여야 한다.

인간과 가장 가까운 현존 동물인 침팬지와 보노보 원숭이처럼, 아이들 역시 자기 생존의 본능을 갖고 있어서 또래 사이에 일어나는 갈등과 충돌은 불가피하다. 나는 순수한 마음으로 친절을 베풀었지만 상대방이 늘 선의로 받아들이지 않는다. 친절한 아이들은 때로 마음의 상처를 더 쉽게 입기도 한다. 학교 운동장이나 학교 식당에서 친구들을 괴롭히는 악동들의 타깃이 되는 것은 주로 마음이 여린 아이들이다. 악동들은 마음 여린 아이들이 자신을 방어할 능력도 의지도 없다고 여긴다. 이러한 갈등과 충돌의 상황에서 아이들은 어떻게 해야 할까. 지혜롭고 자비로운 세계관에 깃든 주제들은 아이들이 친구들과의 사이에서 자신에게 무엇이 중요한지 살펴보고, 친구의 행동이 지나치다면 그것을 알아보게 해준다. 아이들은 **고요하게 하기, 집중하기, 보기, 새롭게 보기, 돌보기,** 그리고 **연결하기** 등의 삶의 기술을 발달시킴으로써 자신에게 중요한 것을 위해, 그리고 자기 자신을 위해 당당히 나서는 법을 배우게 된다.

### 스스로 조사하라

복잡한 상황에 능숙하게 대응하기 위해 아이들은 우선 자신의 역할에 대해, 그리고 그 상황과 관련된 모든 사람의 역할에 대해, 더 나아가 그 상황이 일어나는 전체 시스템에 대해 생각해본다. '다섯 가지 왜' 놀이는 명상 지도자이자 작가인 켄 맥레오드에게 배운 것으로, 고연령 아동과 십대들이 위에 말한 여러 역할에 대해 살펴보는 틀을 제공한다. 이 놀이는 둘씩 짝을 지어 한 아이가 질문하고 상대 아이가 대답하는 방식으로 해도 좋고, 그룹으로 각자 자기 질문을 종이에 적는 방식으로 해도 좋다. 그룹으로 할 때는 미리 아이들에게 연필과 종이를 나눠준다.

놀이 55

## 다섯 가지 왜

**"왜?"라는 질문을 다섯 번 던져 지금 자신이 처한 문제와 그 해결책에 대해 더 깊이 이해하게 한다.**

---

**삶의 기술** : 새롭게 보기, 돌보기, 연결하기 **대상 연령** : 고연령 아동, 십대

---

**놀이 진행 순서**

1. 과거에 여러분이 대처해야 했던 복잡한 상황을 하나 떠올려보세요.
2. 그 상황에서 여러분이 해야 했던 일은 무엇이었나요? 한두 문장으로 답해보세요.
   (아이들이 답을 적을 때까지, 또는 짝에게 대답할 때까지 기다린다.)
3. 이제 여러분이 적은 답을 '왜' 질문으로 바꿔보아요. 예를 들어 여러분이 "그때 내가 해야 했던 일은 문제를 해결하는 것이었다."고 적었다면 이렇게 질문하세요. "왜 나는 그 문제를 해결하는 책임을 지게 되었지?"라고 말이에요. 그런 다음 이 질문에 대한 답을 짧게 적어보세요.
   (이 질문들이 아이들에게 도움이 된다면 계속해서 '왜' 질문을 던지고 답하도록 안내한다. 최소한 다섯 번은 질문을 던지도록 한다.
   그런 다음 아이들이 그 상황에서 상대방의 역할, 나아가 전체 상황에 대해 질문하도록 유도한다. 이렇게 하면 꽤 많은 질문을 던져야 하는 것처럼 보이나, 질문하고 답하는 과정은 금세 지나간다.)

### 열린 마음으로 큰 그림을 보라

아이들이 일단 특정 상황에 속한 사람들의 다양한 역할을 확인했다면 이제 그들 역할의 차이점이 아니라 공통점에 초점을 맞추도록 한다.

## 놀이 56 세 가지 공통점

**의견 불일치나 오해가 있을 때, 또는 누군가 공연히 우리의 신경을 건드릴 때 우리는 자신의 느낌을 있는 그대로 인정하면서 우리가 공통으로 갖는 것 세 가지를 떠올려본다.**

**삶의 기술** : 새롭게 보기, 돌보기, 연결하기 **대상 연령** : 모든 연령

### 토론 진행 순서

1. 나와 의견이 다르거나 내 신경을 건드리는 한 사람을 떠올려보세요.
2. 그 사람을 떠올리면 어떤 느낌이 드나요? 또 그 사람은 여러분을 어떻게 생각할까요?
3. 그런데 선생님이 장담하건대, 여러분과 그 사람은 공통점이 있을 거예요. 그 사람과 여러분이 공통으로 갖는 것 세 가지를 생각나는 대로 말해보세요.

### 지도 방법

1. 아이들에게 우리를 가장 괴롭히는 사람이 종종 우리가 가장 사랑하는 사람이라는 점을 떠올려준다. 이는 서로 신경전을 벌이는 형제자매라면, 크게 도움이 되는 관점의 전환일 수 있다.
2. '불편한 사람에게 보내는 선한 바람' 놀이는 이 놀이와 함께 하기에 좋은 놀이이다. 단, 두 놀이의 목적은 모두 아이들의 관점을 넓히는 것이지, 불편함을 느끼는 상대방에 대한 생각을 바꾸는 것이 아님을 유의한다.

'다섯 가지 왜'와 '세 가지 공통점', '이건 상자가 아니야' 놀이 모두, 상호 의존성과 모든 것은 변화한다는 진실에 관하여 아이들과 대화하기에 적합한 놀이이다. 상호 의존성과 모든 것의 변화성이라는 두 가지 주제의 렌즈로 행동을 바라보면, 고연령 아동들은 지금 일어

나는 일 – 좋은 일, 나쁜 일, 좋지도 나쁘지도 않은 일 – 이 그들 자신에 관한 것이 아니며 앞으로 얼마든지 변화할 수 있다는 것을 받아들일 수 있다. 다음에 소개하는 '파도타기'와 '박동 전달하기' 놀이를 통해 아이들은 상호 의존성을 몸으로 직접 체험한다.

놀이 57

## 파도타기

함께 팀워크를 발휘해 몸동작으로 거대한 파도 모양을 만들어낸다.

**삶의 기술** : 집중하기, 보기, 연결하기 **대상 연령** : 모든 연령

### 놀이 진행 순서

1. 파도타기가 뭔지 아는 사람? (운동장 관중들이 차례로 자리에서 일어나 손을 들어 거대한 파도 모양을 일으키는 것이라고 설명해준다)
   (아이들이 옆으로 일렬로 줄을 서거나 동그랗게 원을 그리게 한 다음, 파도가 진행하는 방향을 알려준다. 한 아이를 지목해 맨 먼저 파도를 일으키도록 한다.)
2. 무릎을 구부리고 양손은 바닥에 댄 채로 웅크리고 앉아보세요. 이렇게요.
   (선생님이 시작 자세와 움직임을 시연해 보인다. 한 아이가 먼저 자리에서 일어나 손을 들면 다음 아이가 이어서 일어나 손을 들라고 말해준다. 이렇게 연속적으로 파도가 이어지게 하는 거라고 설명한다.)
3. 선생님이 '시작' 하면 파도를 일으키는 거예요.
4. 이제 속도를 조금 높여볼까요.
5. 이번에는 방향을 바꿔서 파도를 타볼게요.
6. 자, 이제, 파도의 속도를 좀 늦춰볼까요.

'파도타기' 놀이는 아이들이 공통의 목적을 위해 서로 몸동작을 맞춤으로써 팀워크를 키우는 연습이다. 다음에 소개하는 '박동 전달하기' 놀이도 몸동작을 맞춰 팀워크를 키우는 놀이이다. 이 놀이는 아이들이 둥글게 둘러앉아 바로 옆 친구의 손을 꼭 쥐어 차례대로 에너지 가득한 박동을 보내는 놀이이다. 먼저 아이들이 둥글게 둘러앉아 서로 손을 잡는다. 한 아이를 지목해 맨 처음으로 옆 친구의 손을 쥐어 박동을 보내게 한다.

놀이 58

## 박동 전달하기

둥글게 둘러앉은 친구들끼리 서로 몸동작을 맞춰 에너지 가득한 박동을 순서대로 보냄으로써 팀워크를 기른다.

**삶의 기술** : 집중하기, 돌보기, 연결하기 **대상 연령** : 모든 연령

### 놀이 진행 순서

1. 선생님이 "시작" 하면 여러분의 왼손을 잡고 있는 친구(즉, 여러분 왼쪽에 앉은 친구)의 손을 부드럽게 쥐어요.
2. 이제 여러분의 오른손에 부드럽게 쥐는 느낌이 오면 여러분의 왼손을 꽉 쥐어 여러분 왼쪽에 앉은 친구에게 에너지가 전달되도록 해보세요.
3. 속도를 조금 빠르게 해볼까요.
4. 이제 반대 방향으로 에너지를 전달해볼까요.
5. 이번에는 속도를 조금 늦춰볼까요.

## 어떻게 대응할지 결정한 다음, 음악이 흐르도록 놓아두라

갈등을 일으키는 사람보다는 갈등에 대응하는 사람이 갈등을 어떻게 해결할지 그 과정을 선택할 수 있다. 자신의 대응이 지혜롭고 자비로운 행동인지 알기 위해 고연령 아동들은 자신의 동기를 돌아보고, 자신이 조사한 바를 열린 마음으로 살펴보며, 자신이 가진 정보에 근거해 최선의 대응을 한다. 특정한 결정을 내리게 되는 원인과 조건의 무한한 그물망에 담긴 요인을 모두 아는 사람은 없다. 아이가 어떤 선택을 내리든 확실한 선택은 보장되지 않는다. 그렇다고 기가 죽을 필요는 없다. 기가 죽는 아이라면 달라이 라마가 『종교를 넘어』에서 말한 다음 조언을 들려주라. "우리가 아무리 노력하더라도 전체 그림을 볼 수는 없습니다. 그렇지만 걱정할 필요는 없습니다. …… 대신에 적절한 겸손함과 신중함으로 우리의 행동을 담금질하면 됩니다."

갈등이 일어났을 때 관여하지 않고 그대로 놔두는 것이 지혜롭고 자비로운 대응인 때도 있고, 행동에 나서는 것이 지혜롭고 자비로운 대응인 때도 있다. 아무것도 하지 않는 것이 가장 현명한 대응인 경우에 나는 고연령 아동들에게 그저 '음악이 흐르도록 놓아두라'고, 즉 자연스레 상황이 전개되도록 하면 저절로 오해가 풀릴 수도 있다는 점을 떠올려주는 것이다.

아이들이 마음챙김과 명상을 통해 탐구하는 주제들은, 본인이 직접 나서 혼란을 바로잡는 것이 최선의 대응인지, 아니면 뒤로 물러나 그저 두고 보는 것이 최선의 대응인지 지혜롭게 분별하도록 해준다. 혼란을 바로잡는 것이 지혜롭고 자비로운 대응이라면, 아이들은 자신이 믿는 바를 위해 직접 나서야 하는 때도 있다. **고요하게 하기, 집중하기, 보기, 새롭게 보기, 돌보기, 연결하기** 등의 삶의 기술을 익힘으로써 아이들은 직접 행동으로 나설 때에도 일본의 옛날 이야기에 등장하는 차茶 명인처럼 내면의 고요한 평정심으로 나설 수 있다.

> 지위가 높은 사무라이가 어느 차 명인의 평온한 집중력에 감명 받아 그에게 사무라이의 복장과 지위를 하사했다. 이후에 또 다른 사무라이가 차 명인을 찾아왔다. 그 사무라이는 차 명인을 훑어보더니 사무라이 복장을 하고 있는 이유를 물었다. 차 명인은 자초지종을 설명했지만 사무라이는 쉽게 믿지 않았다. "사무라이 복장을 하고 있으려면 사무라이가 하듯이 결투를 벌여야 하오." 사무라이는 차 명인에게 다음 날 아침 결투를 신청했다.
> 차 명인은 자신의 명예는 물론 사무라이 복장을 내려준 사무라이의 명예를 지키리라 다짐했다. 그러고는 검술의 달인을 찾아가 어떻게 싸워야 하는지 배움을 청했다. 검술의 달인은 두려움에 떠는 차 명인에게 가르침을 주겠다고 했다. 단, 조건이 있었다. 그 전에 다도茶道를 시연해 보라는 것이었다. 다도 시연을 준비하는 동안 차 명인은 아름다운 찻잔과 다기, 찻잎에 고요히 집중했다. 그러자 그가 느끼던 두려움은 사라졌다. 검술의 달인은 그가 대접한 차를 마시고는 이렇게 말했다. "마치 다도를 준비하듯이 결투에 임하시오. 그러면 잘 싸울 수 있을 겁니다."
> 차 명인은 다도 시연을 준비하는 것처럼 고요한 집중력으로 결투에 임했다. 순간 그가 느끼던 두려움은 사라졌다. 그는 칼을 꺼내 머리 위로 높이 들었다. 그러자 결투를 신청한 사무라이는 그에게 절을 하며 그를 사무라이로 인정했다.

## 어떤 일이 일어났는지 돌아보고,
## 분노나 다친 감정이 있었다면 보듬고 풀어준다

이 이야기에서 차 명인은 자신에게 일어나고 있는 것들을 '음악이 흐르듯이' 그냥 놓아두었다. 오해는 저절로 풀렸고 그의 이야기는 해피엔딩으로 끝이 났다. 그러나 안타깝게도 우리의 삶이 언제나 이런 식으로 전개되는 건 아니다. 아이가 옳은 행동을 했지만 상처를 입는 수도 있다. 이럴 때는 마음챙김에 관한 닥터 수스(Dr. Seuss, 유명한 영어동화작가)의 첫 번째 통찰을 통렬히 경험하는 순간이다. "이런 말 해서 미안해 / 하지만 슬프게도 그건 사실이야 / 좋은 일도 안 좋은 일도 '네게' 일어날 수 있단다." 고통을 통과하는 과정에서 아이들이 고통을 인정하고 내려놓는 법을 아는 것이 중요하다.

다음 놀이에서 아이들은 오해, 분노, 그 밖의 고통스러운 느낌을 내려놓는 법을 배운다. 좋은 일, 안 좋은 일을 모두 분홍색 비눗방울 안에 넣은 다음 비눗방울을 날려 보내는 장면을 지켜보는 놀이이다. 이 놀이의 핵심은, 아이들이 자신의 분노와 오랜 상처에 작별을 고하며 좋은 바람을 보내는 부분이다.

### 놀이 59 분홍색 비눗방울

실망이나 슬픔, 화, 불쾌감 등 우리를 괴롭히는 감정들이 분홍색 비눗방울 속에 들어 있다고 상상한다. 비눗방울을 날려 보내며 작별을 고하는 동시에 좋은 바람을 보내준다.

**삶의 기술** : 집중하기, 고요하게 하기, 돌보기 **대상 연령** : 모든 연령

놀이 진행 순서

1. 허리를 곧게 펴고 몸을 편안하게 한 채로 양손은 무릎 위에 가볍게 놓습니다. 눈을 감고 몇 차례 호흡을 해보세요.
2. 지금 여러분에게 실망스러운 일이나 여러분을 괴롭히는 일이 있다면, 한 가지를 떠올려봅니다. 그리고 그 감정을 머릿속에 그린 상상의 분홍색 비눗방울 속에 집어넣어봅니다.
3. 가볍게 살랑살랑 떠다니는 분홍색 비눗방울을 마음속으로 그려봅니다. 지금 여러분을 괴롭히는 어떤 것이라도 비눗방울 속에 집어넣어 날려 보낸다고 상상해보세요.
4. 비눗방울에 작별을 고하고 잘 되기를 빌어줍니다.
5. **지도 포인트** : 나를 괴롭히는 일은 어떤 일인가? 나를 괴롭히는 일을 놓아버린다는 것은 어떤 느낌인가? 거기에 좋은 바람을 보내는 것은 어떤 느낌인가? 그 밖에 내가 놓아버리고 좋은 바람을 보내고 싶은 일이 있다면 무엇인가?

아이들이 화가 나고 흥분하면 자기 생각에만 빠지기 쉽다. 이렇게 되면 아이들의 시야는 좁아지고, 지금 일어나는 일을 상대방의 관점에서 보기 어려워진다. 이때 아이들은 한 발 떨어져서 우리가 이 책에서 탐구한 주제들처럼 넓은 맥락으로 상황을 보아야 한다. 그래야 협소한 관점에서 빠져나올 수 있다. 머릿속 여유 공간이 커지면 아이들은 지금 일어나고 있는 일을 열린 마음으로 볼 수 있고, 나의 감정을 다치게 한 사람도 아파하고 있다는 걸 알게 된다. 나와 마찬가지로 그 사람도 행복하고 안전하기를 바란다는 걸 알게 된다. 이

런 성찰을 통해 아이들은 타인에 대한 공감과 자비를 키우고, 자신에 대한 자비의 마음도 키울 수 있다. 이로써 아이들은 모든 일은 변화하고 상호 의존적이며, 수많은 원인과 조건의 결과라는 사실을 깨닫는다. 이렇게 균형 잡힌 관점이 갖춰지면, 아이들은 누구에게나 나쁜 일이 일어날 수 있음을 받아들인다. 또 좋은 일이 일어나면 감사하는 마음을 갖는다. 감사의 선순환 고리가 만들어지는 것이다. 아이들이 감사의 마음을 크게 느낄수록 행복은 더 커진다. 행복이 커질수록 감사하는 마음 또한 커지는 것이 선순환 고리이다.

다음 놀이는 아이들이 지금 겪고 있는 힘든 일에서 잠시 떨어져 넓은 마음으로 바라보는 놀이이다. 아이들은 작은 공을 굴려 주고받으면서 자신을 행복하게 하는 일과 괴롭히는 일을 하나씩 말한다. 둘씩 짝을 지어 해도 좋고, 그룹으로 둥그렇게 원을 그리고 앉아 해도 좋다.

놀이 60

## 그래도 나는 운이 좋아

**공을 굴려 주고받으면서 우리를 괴롭히는 일, 우리를 행복하게 하는 일을 하나씩 말해본다.**

**삶의 기술** : 보기, 새롭게 보기　　**대상 연령** : 모든 연령

### 놀이 진행 순서

1. 친구들과 공을 굴려 주고받을 거예요. 여러분이 공을 굴리는 차례가 되면

지금 여러분을 괴롭히는 일 한 가지를 말해보는 거예요. 그런 다음 공을 굴리면서는 이번엔 좋은 일 한 가지를 말해보세요.

2. 선생님이 먼저 할게요. "선생님은 오늘밤 놀이에 가는 대신 공부를 해야 해요."
   (말이 끝나면 선생님은 한 아이에게 공을 굴려주며 이렇게 말을 잇는다. "그렇지만 나중에 얼마든지 놀이에 갈 수 있으니까 괜찮아요.")
3. 이제 여러분이 공을 굴리면서 말해보세요. (예를 들어, "오늘 여동생이 나를 괴롭혔어요. 하지만 동생이 있다는 건 너무 좋은 일이에요.")
   (공을 돌리면서 아이들이 속도를 조금 높이도록 해준다.)

좋은 일, 나쁜 일, 오해, 상처 난 감정이 있더라도 지혜롭고 자비로운 세계관으로 엮인 주제들을 기억한다면 아이들은 자신이 가진 동기를 더 깊이 들여다보고 기억할 수 있다. 고대 동양의 지혜를 서양인들이 쉽게 이해하도록 가르쳐 유명해진 명상 지도자 족첸 폰롭 린포체는 『반역자 붓다Rebel Buddha』라는 책에서 이렇게 말한다. "우리가 얼마나 진지하며 어디까지 할 수 있는가를 알 수 있는 진정한 시험대는 바로 이것이다. 즉 우리는 우리가 도와주고자 했던 사람에게 공격을 당하더라도 우리의 이타적 동기를 그대로 지킬 수 있는가? 타인의 평가에 무방비로 노출당했다고 느낄 때면 먼저 공격을 가하는가? 이를 결정하는 것은 단 한 번의 커다란 사건이 아니다. 두려움 없이 우리의 가슴을 열겠다는 우리의 용기와 의지에 대한 시험은 일상생활의 가장 단순하고 흔한 만남 속에서 일어난다. … 우리는 때로는 성공하고 때로는 실패하지만 우리의 본래 의도로 계속 돌아올 수 있다면 그것이 초월 수행의 본질이다." 이 초월 수행은 오랜 세월 자유에 이르는 길로 제시되어 왔다.

자유는 화려한 무엇이 아니다. 대부분의 경우, 자유는 앞에 나온 사자와 나이 든 벌새, 파란색 꼬마 기관차, 당근 씨앗을 뿌린 남자아이가 보여주었던 고요한 항상심恒常心에 더 가깝다. 데이비드 포스터 윌리스가 물고기 이야기(2장에 소개했다)를 들려준 케니언 칼리지 졸업식 축사에서 그는 졸업생들에게 또 이렇게 말했다. "자유에는 여러 종류가 있습니다. 그런데 만약 여러분이 승리, 성취, 과시의 외면적 세계만 쳐다본다면 가장 고귀한 자유에 대해 알지 못하게 될 것입니다. 진정으로 중요한 자유는 주의, 자각(알아차림), 규율, 노력에 관한 것입니다. 타인을 배려하고 그들을 위해 희생할 줄 아는 것입니다. 거듭거듭, 수많은 작은 방식으로, 매일 배려하고 희생하는 것입니다."

마음챙김과 명상을 통해 자유에 이르는 길은 주의, 알아차림, 규율, 노력, 희생을 필요로 하는 길이다. 그리고 이 덕목들 모두, 우리가 이 책에서 성찰한 다른 주제들과 더불어 월리스가 축사에서 언급했던 것들이다. 마음챙김과 명상을 통해 자유에 이르는 길은 '승리, 성취, 과시'에 관한 길이 아니다. 마음챙김과 명상은 결코 쉬운 길이 아니지만 우리를 생기 있게 만들어준다. 마음챙김과 명상은 우리가 숨을 한 번 쉬고 걸음을 한 번 내딛을 때마다, 그리고 삶의 어떤 순간에라도 신비와 기쁨을 발견할 수 있음을 알려준다. 그것은 나에게 예상치 못한 마음의 자유를 안겨주었다. 나는 이에 대해 앞으로도 계속 감사의 마음을 가질 것이다.

# 나가며

마음챙김과 명상이 처음인 사람은 이 책에 담긴 정보의 양이 많아서 당황스러울지도 모른다. 그래서 책의 마지막에 몇 가지 팁과 함께 사람들이 자주 묻는 질문(FAQ)을 실었다. 팁과 FAQ을 전하기 앞서 한 가지 꼭 당부하고 싶은 것이 있다. 아이들, 가족들과 마음챙김과 명상을 함께 할 때, 특히 말로 전하기 어려운 생각이나 개념을 나눌 때에는 이야기가 가진 힘을 적절히 활용해보라는 것이다.

만약 이야기를 들려주는 스토리텔링 방식이 어색하다면, 자녀의 책장에 꽂힌 책들을 읽어주는 데서 시작하면 된다. 그중에서도 지금까지 당신이 마음챙김 놀이를 해오는 동안 성찰했던 보편적 주제를 가르치는 그림책이면 더 좋다.(이 주제들은 책의 말미에 표로 실어 놓았다.) 이 주제들에 익숙해지고 나면 당신은 이 보편적 주제들이 실은 당신을 시험하는 일상의 질문들과 이해하기 어려운 삶의 신비들에 모두 들어 있음을 알게 될 것이다.

당신이 겪는 시험과 당신이 경험하는 신비는, 마트에 장을 보러 가고 방과 후 아이를 데려오며 지치고 까다로운 자녀들 사이의 오해를 중재하는 등 당신만의 이야기를 만드는 데 필요한 재료가 될 것이다. 당신의 실제 가족생활에서 건져 올린 이야기들은 모방할 수 없는 직접성과 진실성을 갖기 때문에 그 효과는 매우 강력하다. 그중 최상의 이야기가 무엇이냐고? 당신의 매일이 최상의 이야기들로 가득하다!

## 마음챙김 놀이를 지도하는 팁

- 방해받지 않고 편안하게 앉거나 누울 수 있는 조용한 장소를 마련한다.
- 놀이를 시작하기 전에 먼저 지침을 직접 시연해보면서 놀이에 대한 감을 잡는다.
- 놀이를 진행할 때는 평소의 목소리 톤으로, (지침을 문자 그대로 따라하는 것이 아니라) 평소처럼 자연스럽게 말하면서 진행한다.
- 어떤 아이들은 너무 진지하게 놀이에 임하는 나머지, 명상할 때 근육이 긴장하는 경우가 있다. 반면 또 어떤 아이들은 너무 이완되어 몸을 배배 꼬거나 잠에 떨어지기도 한다. 놀이를 하는 중에 한 번씩 아이들이 등을 부드럽게 바로 세우고 몸에 힘을 빼도록 해준다.
- 놀이를 하면서 느끼는 방식에는 맞고 틀림이 없다는 것을, 즉 정답이 없다는 것을 아이들에게 알려준다.
- 눈을 감으면 더 수월하게 할 수 있는 놀이도 있다. 하지만 눈 감는 걸 불편해하는 아이들이 있다. 이럴 경우에는 반드시 눈을 감아야 한다고 말하지 않는다. 대신, 선생님이 눈을 뜨고 주변을 살피고 있을 테니 안심하고 눈을 감아도 좋다고 일러준다.

- 놀이에 보이는 반응은 아이들마다 다르다. 어떤 아이가 쉽게 하는 놀이도 다른 아이는 어려워할 수 있다. 아이가 불편해하는 경우에는 억지로 놀이를 시키지 않고, 유사한 삶의 기술과 주제를 탐구하는 다른 놀이로 바꿔서 한다.
- 이 책에 소개한 놀이들은 모두 마음챙김 기반의 방법을 사용한 것이다. 나이에 관계없이 누구에게나 유용하다. 고연령 아동과 십대 아이들이 저연령 아동 대상의 놀이에 흥미를 느낄 수도 있다. 또 저연령 아동이 그들이 이해하기 어려운 놀이에 재미를 느낀다고 해서 놀랄 필요도 없다.

**– 마음챙김을 간단히 몇 마디로 설명한다면?**

마음챙김에 관한 정의 중 간단하면서도 가장 잘 알려진 정의는 존 카밧진이 MBSR(마음챙김에 기반한 스트레스 완화 프로그램)에서 내리는 정의이다. "마음챙김은 의도적으로, 현재 순간에, 판단하지 않고 주의를 기울이는 것이다."

**– 아이들이 자신의 생각과 느낌에 대해 판단을 내리지 않고 주의를 기울이는 방법은?**

아이들이 자신이 지금 어떻게 느끼고 있는지 관찰할 때, 우리는 아이들이 다음과 같은 내면의 목소리에 귀 기울이기를 바란다. "지금 가만히 앉아 있는 건 정말 힘든 일이야. 그렇지만 괜찮아. 누구나 때로 그렇게 느끼는 법이니까. 나는 여기 앉아 호흡이 빨라지거나 심장 박동이 빨리 뛰는 것처럼, 내 몸과 내가 갖고 있는 에너지를 무엇이든 느끼면 돼. 숨을 쉬는 동안 주변의 소리에 귀를 기울이면서 지금 내가 느끼고 있는 느낌을 알아차리는 거야."

### _ 마음챙김과 명상은 어떻게 다른가?

인도 고대어인 산스크리트어와 빨리어에서 '마음챙김mindfulness'이라는 단어는 '기억하다'는 의미였다. 이것은 주의를 기울여야 하는 대상을 잊지 않고 기억한다는 의미다. 반면 '명상meditation'이라는 단어는 각 명상 전통에 따라 서로 다르게 정의한다. 티베트어에서 명상이란 단어는 '익숙해지기'라는 뜻이다. 자신의 마음속에서 일어나는 활동에 대해 익숙하게 알게 된다는 의미에서다. 명상과 마음챙김을 구분하는 간단한 방법은 다음과 같다. 명상이 마음에 직접 작업을 행함으로써 마음에 대해 익숙하게 알 수 있는 방법론이라면, 마음챙김은 우리의 마음이 지금 어디에 있는지, 우리의 마음 상태는 현재 어떠한지를 아는 것이다.

### _ 마음챙김은 아이들이 마음을 가라앉히는 데 도움이 되는가?

우리는 아이들이 지금 느끼고 있는 방식을 지금과 다르게 바꾸기를 바라지 않는다. 단지 아이들이 현재 순간에 자신이 어떻게 느끼고 있는지를 자각하기를 바랄 뿐이다. 이런 태도로 접근한다면, 마음챙김은 아이들의 마음이 더 차분하고 편안해지는 데 도움이 될 수 있다. 물론 항상 그렇게 되는 것은 아니다.

### _ '호흡을 느끼는 것'과 '호흡을 관찰하는 것'은 어떻게 다른가?

아이들에게 호흡을 관찰하기보다 느끼라고 하면, 마음챙김 놀이는 머릿속 생각보다 몸의 감각 경험을 더 중시하는 놀이가 될 수 있다.

**_ 처음에 어떻게 마음챙김 놀이를 시작해야 할까?**

처음에는 먼저 부모와 교사가 좋아하는 마음챙김 수련법이나 본인이 도움 받은 마음챙김 수련법을 선택해 아이에게 적합한 방식으로 응용하는 것이 좋다. 만약 '마음챙김으로 듣기'가 본인에게 좋은 경험이었다면 '희미해져가는 소리, 무슨 소리를 들었지?, 소리의 수 세기' 같은 마음챙김 듣기 놀이를 아이들과 해본다.

**_ 명상이 처음인데다 시간도 없어요. 어떻게 시작하면 될까요?**

먼저 본인 스스로 마음챙김과 명상 수련에 시간과 노력을 들인다. 일상생활에서 '잠시 멈춰 호흡을 느껴요', '머물러 관찰하기' 놀이로 짧은 알아차림의 순간을 자주 갖도록 한다. 이 놀이를 통해 자기 삶의 경험을 평가하거나 변화시키는 게 아니라 그저 이해하겠다는 의도를 가지고 부드럽게 바라본다. 일상에서 짧은 알아차림의 순간을 자주 가지면, 자신의 행동과 마음태도에 생각보다 빠르게 의미 있는 변화가 일어날 수 있다. 이런 변화가 일어나면 마음챙김 놀이를 진행하기가 더 수월하다. 또 마음챙김 놀이로 엮어내는 주제와 삶의 기술들도 더 잘 이해할 수 있다.

**_ 마음챙김과 명상을 조금밖에 못해봤어요. 어디서부터 시작하면 될까요?**

아이들은 진짜와 가짜를 가려내는 천부적인 재능을 타고 났다. 당신이 진실로 느낀 것을 가르친다면 아이들은 그대로 잘 받아들인다. 예를 들어 잠시 멈추어 자신의 호흡을 느껴보는 수련이 당신의 머리와 마음을 고요하게 해주었다면 그 방법을 아이들과 나누면 된다. 또 지금 이 순간 자기 몸의 감각 경험으로 주의를 향하는 수련이 당신의 걱정을 누그러뜨렸다면 그 방법을 아이들과 나누지 않을 이유는 없다.

**_ 마음챙김 놀이는 얼마나 오래 그리고 얼마나 자주 해야 효과가 있나요?**

아이들이 반드시 오랜 시간 동안 마음챙김을 수련해야 효과를 보는 건 아니다. 오래 하는 것보다 중요한 것은 꾸준히 하는 것이다. 일상생활에서 짧더라도 알아차림의 순간을 되도록 자주 갖자. 반복이 중요하다는 걸 잊지 말자.

**_ 아이들은 매일 명상을 해야 하나요?**

아이들이 매일 정식으로 좌선 명상을 한다면 더할 나위 없이 좋다. 아이가 매일 명상할 수 있도록 격려해주되, 강요는 절대 금물이다.

**_ 아이들이 일상에서 마음챙김을 실천하게 하려면 어떻게 도와주어야 할까요?**

아이들의 일상 활동에 자주 개입해 짧은 알아차림의 시간을 갖도록 해주는 것이 좋다. 예를 들어 아이가 문을 열 때 문 손잡이가 손에 닿는 느낌이 어떤지, 또 슬로모션 동작으로 양말을 신을 때 그 느낌이 어떤지 관찰하게 해준다. 아이가 서두르다가 사람이나 물건에 부딪혔을 때 "똑바로 보고 다녀!" 하며 호통을 치기보다, '잠시 멈춰 호흡을 느끼거나' '나무늘보처럼 천천히 움직여보게' 한다.

**_ 마음챙김과 명상에 관하여 아이와 어떻게 이야기를 나누는 게 좋을까요?**

마음챙김 놀이를 한 뒤 아이의 경험과 느낌을 들어보는 대화 시간을 가지면 도움이 된다. 내 경험상, 놀이를 하고 난 뒤 아이들이 자신의 느낌을 솔직하게 말할 수 있도록, 놀이를 진행하는 교사는 되도록 말을 적게 하는 것이 좋다.

**_ 놀이를 설명할 때 '지도 포인트'는 어떻게 활용하나요?**

책에 소개한 여러 놀이의 지침에 지도 포인트를 집어넣었다. 지도 포인트는, 마음챙김 놀이에서 탐구하는 주제와 삶의 기술들이 어떻게 아이들의 일상생활에 연결되는지, 대화의 실마리를 제공하려는 목적이다. 지침에 소개한 지도 포인트를 모두 묻거나 답할 필요는 없다. 또 책에 실린 지도 포인트를 당신 스스로 생각해낸 지도 포인트로 대체해도 좋다.

## FAQ : 장애물 헤쳐가는 법

**_ 어떻게 하면 아이들이 마음챙김에 재미를 붙이게 할 수 있을까요?**

저연령 아동이라면 '지퍼 올리기, 나무늘보처럼 천천히, 풍선 팔' 등 활동적인 마음챙김 놀이를 스스로 직접 진행하게 한다. 놀이를 직접 진행해봄으로써 아이들은 자신감을 키울 수 있다. 또 친구들을 상대로 놀이를 진행하는 경험은 여러 사람 앞에서 말하는 기회도 된다.

고연령 아동들과 십대들은 '발 느껴보기, 마음챙김으로 기다리기, 한 번에 한 입씩' 등의 놀이로 짧은 알아차림의 순간을 자주 갖도록 한다.

**_ 마음챙김이 '효과가 없다'고 느껴 실망하는 아이들에게 어떻게 말해야 할까요?**

마음챙김과 명상에서 잘 안 되는 부분에 관한 교사 자신의 경험을(누구나 이런 부분이 있다) 아이들에게 들려주면 도움이 된다. 그러나 유의할 점은, 잘 안 되는 부분을 이야기할 때 너무 심각하고 무거운 문제점보다는 기본적이고 심각하지 않은 문제점을 위주로 가볍게 이야기해야 한다. 이는 매우 중요한 지점이다. '선생님도 어려워하는 걸 내가 할 수 있을까' 라고 미리 낙담할 수 있기 때문이다. "선생님도 그랬어."라는 느낌 정도면 좋다.

**_ 아이가 말을 안 듣고 놀이 진행에 지장을 준다면 어떻게 해야 할까요?**

아이가 자기 몸과 목소리를 통제하기 힘들어할 때는, 존중하는 태도로 말하고 행동할 수 있을 때까지 놀이를 멈추어 휴식을 취하게 한다. 준비가 되면 언제든 다시 놀이에 참여할 수 있다고 알려준다. 특히 집중력이 필요한 놀이와 활동은 아이들이 힘들어할 수 있기 때문에 자주 휴식을 취하는 것이 좋다.

**_ 놀이 중 부적절한 때와 장소에서 아이가 민감한 화제를 꺼낸다면 어떻게 해야 할까요?**

아이의 걱정을 보듬어준 다음, 대화의 분위기와 주제를 바꿔본다. 놀이가 끝난 뒤에 아이와 따로 만나 그 문제를 다시 다루도록 한다.

이 책과 책의 딸림 카드를 만드는 데 편집자의 역할을 훨씬 넘어서는 역할을 해준 애너카 해리스에게 깊은 감사를 표한다. 또 그녀와 나는 이 프로젝트를 책의 출간으로 이어지도록 안내한 우리의 에이전트 에이미 레너트에게 감사하고 싶다. 그리고 코트랜드 달, 수 스몰리, 샘 해리스, 애너 맥도널, 세스 그린랜드는 이 책의 초고를 읽고 검토해주었다. 마크 그린버그, 조셉 골드스타인, 수리야 다스, 트루디 굿맨, 캐럴린 지미언, 짐 지미언, 베리 보이스, 스티브 힉맨, 마크 버틴, 탠디 파크스는 우리와 함께 질문에 답하고 자신들의 생각을 나누어주었다. 다이애너 윈스턴, 마틴 매칭거, 미라 매칭거는 그들의 딸 미라의 놀이를 소개해주었다. 이들 동료와 친구들의 지혜롭고 통찰력 있는 도움으로 이 책은 훨씬 풍부하고 훌륭한 책으로 탄생할 수 있었다.

린드세이 듀퐁은 재미난 그림을 그려주었고, 수지 토토라는 이 책에 소개한 저연령 아동을 위한 놀이에 신체 동작을 집어넣는 데 도움을 주었다.

내가 이 책의 예상 독자층을 최대한 넓게 보도록 인내와 격려로 도와준 베스 프랭클과 샴발라 출판사의 팀에게도 감사한다.

이 책은 내가 10여 년에 걸쳐 어린이와 가족 대상의 비종교적 마음챙김을 부모, 교사, 임상가들과 함께 연습하면서 개발한 8백 페이지가 넘는 매뉴얼을 종합한 것이다. 이 과정에서 나는 일일이 언급할 수 없을 만큼 많은 분의 도움을 받았다. 그중에서 몇 분만 언급하고 싶다.

흔쾌히 이너키즈Inner Kids 전문 훈련 프로그램의 자문역에 응해주신 뛰어난 명상 스승들이 계셨다. 잭 콘필드, 샤론 샐즈버그, 수리야 다스, B. 앨런 월리스, 게이 맥도널드, 트루디 굿맨, 다이애너 윈스턴이 그분들이다. 이너키즈 프로그램을 지지해주신 데 대해 이 분들에게 깊은 감사와 경의를 표한다.

다양한 이너키즈 훈련 프로그램에 함께한 뛰어난 동료 지도자인 다니엘라 라브라, 라이언 레드먼, 다니엘 레흐트샤펜, 탠디 파크스에게 그들의 진실한 우정과 유쾌한 유머, 훈련에 임하는 열정에 감사드린다.

또 이너키즈 프로그램의 초기 개발 단계에서 도움을 주신 미셸 리먼투어, 닉 시버, 리사 헨슨, 수 스몰리, 찰리 스탠퍼드, 셸리 소웰, 제니 맨리구에즈, 데브 월시, 매리 스위트, 멜리사 베이커에게도 감사의 마음을 전한다.

이너키즈 훈련 프로그램에 직접 참여해 이 작업을 더욱 발전시키고 자신의 것으로 만들어가고 있는 분들이 있다. 아이들과 십대들, 가족들과 마음챙김을 함께 나누는 데 큰 에너지를 발휘하고 있는 그들에게 감사드린다.

마지막으로, 따뜻함과 보살핌, 가르침으로 나를 인도해주신 모든 스승들께 감사를 드린다. 그중에서도 특히, 말로 표현하기 어려우나 매우 의미 있는 방식으로 나에게 깊은 영감을 주신 뛰어난 두 형제에게 특별한 감사를 드리고 싶다. 촉니 린포체와 욘게이 밍규르 린포체가 그분들이다.

수잔 카이저 그린랜드

다음에 소개하는 주제 표의 각 설명에서 나는 '나 자신에게 상기시킨다'는 표현을 썼는데, 이는 마음챙김의 기억하기 기능에서 힌트를 얻은 것이다. 예를 들어 받아들임, 감사, 주의 등의 주제를 아이들 스스로 상기시키도록 하는 것은, 특정 방식으로 말하고 행동하라고 지시하는 것보다 마음챙김과 명상 수련에 훨씬 효율적인 방식이다.

| 받아들임 | 감사 |
| --- | --- |
| 나는 지금 이 순간을 낳은 모든 원인과 조건을 다 알 수도, 통제할 수도 없다는 사실을 자신에게 상기시킨다. 그렇지만 내가 가진 동기는 내가 통제할 수 있는 한 가지이다. 나는 지혜롭고 자비로운 방식으로 말하고 행동하도록 최선을 다할 뿐이다. | 나의 인간관계, 건강, 좋은 경험들, 소속감, 자연에 대한 감사의 마음을 떠올리며 감사는 행복의 원인이자 결과라고 나 자신에게 상기시킨다. |
| **주의(고르게 확산하는)** | **주의(한곳에 모으는)** |
| 나의 내면과 주변에서 일어나는 일에 즉각 자동반사적으로 대응하지 않고 잠시 멈출 수 있음을, 그렇게 열린 마음으로 그 일을 살필 수 있음을 나 자신에게 상기시킨다. | 나는 어디에 주의를 둘지 내가 선택할 수 있음을, 그리고 그곳에 둔 주의를 지속시킬 수 있음을 나 자신에게 상기시킨다. |
| **조율** | **원인과 결과** |
| 나는 다른 사람의 말과 행동에 대해 내가 그들을 이해하며 그들은 이해받는다는 느낌을 받도록 보고 듣고 느끼고 해석하고 대응할 수 있음을 나 자신에게 상기시킨다. | 나는 나의 말과 행동이 다른 사람과 지구에 영향을 미친다는 것, 그리고 다른 사람의 말과 행동 역시 지구와 나에게 영향을 준다는 것을 나 자신에게 상기시킨다. |
| **명료함** | **자비** |
| 나의 내면과 주변에서 일어나는 일을 명료하게 보기 위해 나는 열린 마음으로, 성급히 결론으로 치닫지 않고 한발 물러서서 더 큰 그림을 볼 수 있음을 나 자신에게 상기시킨다. | 나는 상대방의 관점에서 보고 느끼는 능력, 또 상대방에게 지혜롭고 친절하게 대하는 능력을 가졌음을 나 자신에게 상기시킨다. |

| | |
|---|---|
| **지혜로운 확신**<br>나는 불편한 상황과 감정을 견딜 수 있음을, 어떤 상황에서도 명료하고 따뜻한 마음을 가질 수 있음을 나 자신에게 상기시킨다. | **분별력**<br>복잡한 상황에 자동반사적으로 대응하거나 판단하기 전에, 지금 일어나는 일과 그에 대한 나의 대응이 다른 사람과 지구, 나 자신에게 도움이 되는지 숙고할 것을 나 자신에게 상기시킨다. |
| **공감**<br>어떤 상황에서든 한발 물러나 그것을 상대방의 관점에서 보고 그가 어떻게 느끼는지 떠올릴 수 있음을 나 자신에게 상기시킨다. | **모든 것은 변화한다**<br>모든 것은 일어났다 사라진다는 사실, 모든 것은 끊임없는 변화의 과정에 있다는 사실을 나 자신에게 상기시킨다. |
| **상호 의존성**<br>지금 이 순간 일어나는 일은 수많은 상호 의존적 요인들의 결과라는 사실을 나 자신에게 상기시킨다. 나는 그 요인들 중 어떤 것은 알고 어떤 것은 모르며, 또 어떤 것은 내가 전혀 통제할 수 없다. | **기쁨**<br>기쁨과 행복의 조건은 언제나 지금 여기에 있다는 것, 그 조건들은 항상 스스로 일어나고 있다는 것, 그리고 나는 언제라도 그 조건들에 접촉할 수 있음을 나 자신에게 상기시킨다. |
| **친절**<br>나는 내가 하고 있는 일의 결과보다 나의 선한 의도에 더 집중할 것을 나 자신에게 상기시킨다. | **동기**<br>어떤 행동과 말을 하기 전에 내가 왜 그것을 하려고 하는지 성찰할 것을 나 자신에게 상기시킨다. 또 그 말과 행동을 하는 나의 의도가 지혜롭고 자비로운지 살펴볼 것을 나 자신에게 상기시킨다. |

| | |
|---|---|
| **열린 마음**<br>겉으로 달라 보여도 서로 공통점을 갖는다는 것, 그리고 모든 이야기에는 한 가지 면만 있는 것이 아님을 나 자신에게 상기시킨다. | **인내**<br>나 자신과 타인의 노력이 결실을 맺으려면 때로 시간이 필요하다는 것을 나 자신에게 상기시킨다. |
| **지금 이 순간**<br>바로 지금 일어나고 있는 일을 관찰하고 거기에 귀 기울이며 온전히 몰입하기 위해 지금 이 순간에서 옆길로 새지 않을 수 있음을 나 자신에게 상기시킨다. | **자제**(행동상 자제)<br>스트레스를 받거나 과도하게 흥분하거나 화가 났을 때에도 스스로 침착할 수 있음을 나 자신에게 상기시킨다. 상황에 즉각 반응하기보다 한발 물러나 가만히 숙고할 수 있음을 나 자신에게 상기시킨다. |
| **자제**(명상적 자제)<br>강렬한 감정이 일어나더라도 그것을 참고 견디면서 나의 생각과 느낌, 몸의 감각에 즉각 반응하지 않고 잠시 멈출 수 있음을 나 자신에게 상기시킨다. | **자기 자비**<br>지혜롭고 친절한 관점으로 나의 생각과 느낌, 말과 행동을 바라보도록, 나의 생각과 느낌에 지혜와 친절로 응대하도록 나 자신에게 상기시킨다. |

## _ 아이들에게 명상을 가르친다고?

"흠… 명상이 좋다는 건 알겠는데 가만히 앉아서 하는 명상을, 한시도 가만있지 못하는 아이들이 할 수 있을까? 취지야 좋지만 과연 '효과'가 있을까?"

이렇게 생각하는 교사나 부모라면 먼저 짚고 갈 것이 몇 가지 있다. 첫째, 명상이 좋다는 걸 '안다'고 했는데, 교사나 부모는 정말로 그것을 알고 있는가? 둘째, 명상은 가만히 앉아서 하는 것이라는 생각은 과연 맞는 것인가? 셋째, 아이들은 한시도 가만있지 못하는 존재라는 가정은 실제로 타당한가? 넷째, 명상을 통해 아이들이 얻었으면 하고 바라는 '효과'는 집중력과 성적 향상 등 구체적인 '성과'를 말하는가?

위 네 가지 질문에 대한 나의 답은 모두 '아니오'이다. 질문은 다시 이렇게 바꿔볼 수 있다. 첫째, 명상이 좋다는 걸 교사나 부모가 안다면 누군가로부터 들어서, 즉 책이나 기사에서 보아서 아는 것인가, 아니면 교사나 부모가 직접 명상을 해보아서 아는 것인가? 둘째, 과연 미동도 않고 가만히 앉아 있는 것이 명상의 본질인가, 아니면 집중력과 자기 자각self-awareness의 힘을 키워 더 나은 마음 상태를—궁극적으로는 고통(스트레스)의 완화와 지혜를—가져오는 것이 명상의 본질인가? 셋째, 아이들은 가만히 앉아 있는 걸 싫어하는가, 아니면 가만히 앉아서 '아무것도 하지 않는' 걸 못 견디는 것인가? 넷째, 명상의 효과란, 성적 등 단기적이고 구체적인 '성과'인가, 아니면 자기 내면과 외면에서 일어나는 일을 보다 깨어 있는 마음으로 자각하는 지혜롭고 전인적인 인간을 기르는 것인가?

## – 명상은 세상을 바라보는 새로운 관점을 가지는 데 있다

결론부터 말하자면, 위 네 가지 질문에 대한 답은 모두 후자이다. 살펴보면 첫째, 아이들에게 명상을 가르치는 가장 좋은 방법은 부모나 교사 본인이 명상을 하는 것이다. 명상을 가르치는 구체적인 방법론은 본인의 실제 명상 경험에서 자연스레 흘러나온다. 본인의 명상 경험이 제대로 된 경험이라면, 아이들에게 명상을 가르치는 방법은 무궁무진하게 떠올릴 수 있다.

둘째와 셋째를 합쳐 말하면, 명상은 겉으로 보기에는 대단히 수동적인 행위로 보이지만, 사실 이 수동적 자세는 지금껏 우리가 '너무나 능동적인' 상태에—명상적 관점에서 말하면 '살짝 정신 나간' 상태에—있느라 미처 보지 못하던 것들을 비로소 제대로 알아보는 '전략'으로서의 수동적 태도이다. 그래서 실은 수동적인 행위가 아니라, 지금까지와 다른 실제적이고 지혜로운 태도라고 해야 더 맞는다. 모르는 것을 새롭게 알게 되는 것, 이것은 호기심 왕성한 아이들이 싫어하는 일이 아니라 가장 좋아하는 일이다. 아이들이 가만히 앉아 있지 못한다는 건 어른들의 선입견일 뿐이다.

넷째, 명상을 학교 성적 향상 등 단기적이고 외면적인 성과를 위한 도구로 본다면 명상의 가능성을 스스로 축소시키는 일이다. 이렇게 되면 당장 효과가 나타나지 않을 경우, 명상은 다른 유행하는 방법론에 밀리게 되고, 사람들은 '명상은 이런 거야'라는 (잘못된) 선입견으로 더는 명상에 대해 알려고 하지 않는다. 그러나 명상의 본질은 매순간 드러나는 삶의 신선함을 알아보는 눈을 새롭게 가지는 데 있다. 지금까지와는 다른 새로운 관점을 가질 수 있다면 '성과'는 자연스레 따라온다.

## _ 아이들에게 어떻게 명상을 가르칠까

이 책은 아이들에게 명상을 가르치는 재미있고 쉬운 60가지 방법을 소개한다. 아이들의 발달 단계를 고려하여 조금 더 활동적이고 재미있는 요소를 가미한 방법이다. 지혜와 사랑의 마음을 기른다는 명상의 궁극적 목적에는 어른과 아이의 차이가 없다. 이 책에 소개하는 아동 대상의 명상 놀이들은, 성인 대상 마음챙김 수련의 핵심 요소인 '좌선 호흡법, 걷기 명상, 요가, 바디스캔, 자애명상' 등을 아이들의 상황과 이해 수준에 맞게 적절히 변용시킨 것들이다. 앞서 말했듯이 아이들에게 명상을 가르칠 때는 교사나 부모의 명상 경험이 선행되어야 한다. 그것이 가능하다면 아이들에게 명상을 가르치는 방법은 이 책에서 제시하는 방법 말고도 얼마든지 떠올릴 수 있다.

예를 들어, 내가 명상을 처음 했을 때 겪은 일을 하나 소개한다. 언젠가 인터넷에서 우연히 플래시 동영상 하나를 보았다. 그 동영상은 수영장에서 일광욕을 하는 한 사람의 신체 일부를 극히 미시적으로 보여주는 장면에서 시작한다. 그러고는 그의 상반신과 전신으로 차례로 '줌아웃' 되더니 다음으로 수영장, 동네, 지역, 나라, 더 나아가 결국엔 지구 바깥의 우주로까지 관점이 점층적으로 확대된다. 그때 나는 이 동영상이 내가 명상에서 경험했던 '자기 관찰, 새롭게 보기, 관점 전환, 탈脫동일시' 등을 시각적으로 보여주기에 딱 맞는 자료라고 생각했다. 나중에 명상을 가르치게 되면 그 동영상을 활용해야겠다고도 마음먹었다.

그런데 훗날 필요해서 인터넷을 뒤졌으나 찾지 못했다가, 놀랍게도 그 플래시 동영상을 바로 이 책 속에 발견했다. '친절하고 인내심 있는 관찰자' 놀이(221쪽)에서 소개하는 『줌, 그림 속의 그림』이다. 이슈트반 바녀이의 이 그림책은 우리의 시각이 얼마나 제한적인지 잘 보여준다.

또 스노우볼을 흔들어봄으로써 몸과 마음의 연관성을 깨닫는 '명료하게 보기' 놀이(46쪽)도 평소 내가 생각해온 방법이다. 이리저리 날리는 눈가루가 차차 가라앉으며 투명해지는 스노우볼은, 호흡관찰을 통해 평정해진 마음 상태를 시각적으로 대변하는 훌륭한 비유이다.

## _ 명상을 가르치는 방법은 무한하다

여기서 평소 내가 생각했던 아이들에게 명상을 가르치는 방법 두 가지를 소개하고 싶다. 이 책에는 소개되지 않은 놀이다. 하나는, '빨간 사과 바라보기' 놀이이다. 아주 빨간 사과를 아이들에게 하나씩 나눠준다. 사과를 자기 앞 50센티미터 정도 거리의 바닥(또는 책상)

에 놓게 한다. 그런 다음 아이들이 30초~1분 정도 사과를 가만히 바라보게 한다. 이때 지도자는 아이들이 '이것은 사과'라는 생각을 내려놓고, 그냥 '하늘에서 떨어진 이름 모를 이 빨간색 물체'를 눈에 보이는 그대로 시각적으로 받아들이도록 안내한다. 이때 바닥이나 책상에는 되도록 다른 물건이나 어지러운 문양이 없이 단순한 배경과 밝은 색상이면 더 좋다. 아이들이 '빨강'이라는 시각적 성질 자체를 보도록 안내한다. 이 경험은 우리가 평소에 무수히 보던 '빨간 사과'를 보는 경험과는 사뭇 다르다. 왜냐하면 우리는 '빨간 사과', '빨간 노을', '빨간 자동차'는 보았어도 '빨강' 자체를 보는 일은 잘 없기 때문이다. 명상은 이런 뜻밖의 새로운 경험을 가능하게 한다. 평소에는 가려져 있던 실재의 새로운 차원을 드러내 보여주는 것이다. 그런 다음, 이번에는 아이들이 눈을 감고 손으로 사과를 만져보게 한다. 이번에는 '딱딱함'과 '시원함'이라는 촉각에 초점을 맞춰 느껴보게 한다. 마찬가지로, 우리는 평소 일상에서 '딱딱한 의자', '시원한 바닥' 등은 알아도 '딱딱함'과 '시원함'이라는 성질 자체를 알아차리는 일은 잘 없다. 명상을 통해 이런 훈련을 해보는 것은 지금과 다른 관점으로 바라보는 눈을 기르는 데 도움이 된다.

둘째는 '도서관 명상' 놀이이다. 이것은 듣기 명상의 일종으로, 초등 고학년이나 중고등학생이면 할 수 있다(초등 저학년은 조금 어렵지 않을까 한다). 우선 도서관 열람실에 자리를 잡고 앉는다. 눈을 감고 주변에서 들려오는 소리를 있는 그대로 느껴본다. 책장 넘기는 소리, 연필 굴리는 소리, 볼펜 똑딱이는 소리, 의자 끄는 소리, 핸드폰 진동 소리, 열람실 문 여닫는 소리, 이용자들의 옷자락 스치는 소리 등이

들릴 것이다. 이때 아이들에게 '이것은 무슨무슨 소리'라고 머리로 생각하기보다, 소리의 감각 자체에 집중하게 한다. 다시 말해, 일정한 파동을 지닌 청각적 질료로서의 소리를 느껴보도록 안내한다. 보통 우리는 도서관 열람실은 '조용한 곳'이라고 알고 있지만, 이렇게 눈을 감고 주변에서 들려오는 소리에 가만히 주의를 기울여보면, 도서관은 조용한 곳이기는커녕, 엄청나게 다채로운 소리의 향연이 매 순간 펼쳐지는 장소임을 어쩌면 '생전 처음으로' 알게 된다.

이렇게 명상은 우리가 평소 보지 못하던 것을 새롭게 보게 한다.

## _ 명상을 가르칠 때 유의해야 할 것

그 밖에도 우리는 아이들에게—그리고 성인들에게—명상을 가르치는 방법을 얼마든지 생각해낼 수 있는데, 이것은 우리가 대단히 창의적인 두뇌를 가져서가 아니라, 관념이 아닌 실재reality라는 것이 원래부터 이토록 다채롭고 풍부한 층위를 간직하고 있기 때문이다. 그럴진대, 이 다채로운 실재의 층위를 다른 이와 함께 나누는 방법이 다양하지 않을 이유가 없다. '실재의 이러한 다채롭고 풍부한 층위'를 불교에서는 법法 혹은 다르마dharma라고 부른다. 결론적으로, 우리가 아이들에게 명상을 잘 가르치려면, 명상을 통해 우리에게 드러나는, 있는 그대로의 실재가 인도하는 바를 잘 따르면 된다. 실재가 보여주는 것을 놓치지 않고 충실히 관찰하면 된다는 말이다. 그리고 그러기 위해서는 본인 스스로 명상을 시작해야 한다.

명상을 가르칠 때 가르치는 사람과 배우는 사람 모두 염두에 두어야 할 것 두 가지를 생각해보았다. 첫째, 명상은 우리들 누구나가 가진 '마음'이라는 도구를 그 최대한의 가능성까지 계발하는 것이다. 그런데 마음의 성질에 대해 알아야 하는 한 가지 분명한 사실은, 마음은 좁쌀 하나 들어갈 틈 없이 옹졸해질 수도 있고, 온 우주를 품을 정도로 커질 수도 있다는 점이다. 이렇게 우리가 가진 마음의 잠재적 계발 가능성이 무한하다는 점을 기억해야 한다. 둘째, 노력하지 않고 거저 얻어지는 것은 세상에 없다는 이치는 명상에서도 마찬가지라는 것을 알아야 한다. 이것은 우리가 종종 아이들의 순수한 마음을 곧 명상의 상태라고 '낭만화'시키는 데서도 드러나는데, 이 역시 경계해야 한다. 아이들이, 많은 어른이 가진 선입견이나 편견을 상대적으로 덜 갖는 것은 맞지만, 아이들의 그런 의식 상태가 곧 명상을 통해 계발하는 순수한 깨달음의 상태는 결코 아니다. 만약 그게 맞는다면 아이들은 모두 이미 깨달은 존재로 세상에 태어났을 것이다. 그러나 갓 태어난 아기는 본인 스스로는 그야말로 아무것도 할 수 없는, 얼마나 무지하고 무능한 존재인가(무척 귀엽기는 하지만).

서구의 마음챙김 운동과 논의, 실제 현장에의 적용은 우리나라보다 매우 활발하다. 이것은 아동에게 명상을 가르치는 영역에서도 마찬가지다. 서구의 명상과 마음챙김 동향을 한국에 소개하는 것은 필요한 일이기는 하지만 이제는 우리에게 맞는 명상에 관한 논의와 적용이 필요한 시점이 되었다. 법法의 맛에 관한 설명은 충분히 들었으니 이제 직접 맛을 보고 소화시켜 몸에 이로운 영양소들을 취해야 하지 않겠는가. 물론 서양인의 마음챙김 명상과 한국인의 마음챙김 명상이 다르지 않다. 법의 맛은 한 가지 맛One taste이라고 하지 않았던가. 다만, 명상을 가르치고 배우는 일과 관련하여 언어, 사회문화적 환경, 명상에 대하여 기존에 가진 생각에 있어서는 분명 서양과 한국이 차이가 있다. 중요한 것은 이런 점을 고려하여 우리 스스로 명상을 실천하고, 경험을 함께 나누면서 임상 현장에 적용 가능한 명상 지도법에 관한 담론을 풍부하게 확장하는 일이다. 그리고 이 모든 일은 오늘 당장, 나부터 명상을 실천하는 데서 시작한다.

이재석

# 마음챙김 놀이 mindful games

2018년 10월 15일 초판 1쇄 발행
2023년 12월 8일 초판 6쇄 발행

지은이 수잔 카이저 그린랜드 • 옮긴이 이재석
발행인 박상근(至弘) • 편집인 류지호 • 상무이사 김상기 • 편집이사 양동민
편집 김재호, 양민호, 김소영, 최호승, 하다해 • 디자인 쿠담디자인
제작 김명환 • 마케팅 김대현, 이선호 • 관리 윤정안
콘텐츠국 유권준, 정승채, 김희준
펴낸 곳 불광출판사 (03169) 서울시 종로구 사직로10길 17 인왕빌딩 301호
대표전화 02) 420-3200 편집부 02) 420-3300 팩시밀리 02) 420-3400
출판등록 제300-2009-130호(1979. 10. 10.)

ISBN 978-89-7479-474-3 (03590)

값 17,000원


독자의 의견을 기다립니다. www.bulkwang.co.kr
불광출판사는 (주)불광미디어의 단행본 브랜드입니다.

놀이 10 오리! 토끼! (64쪽)

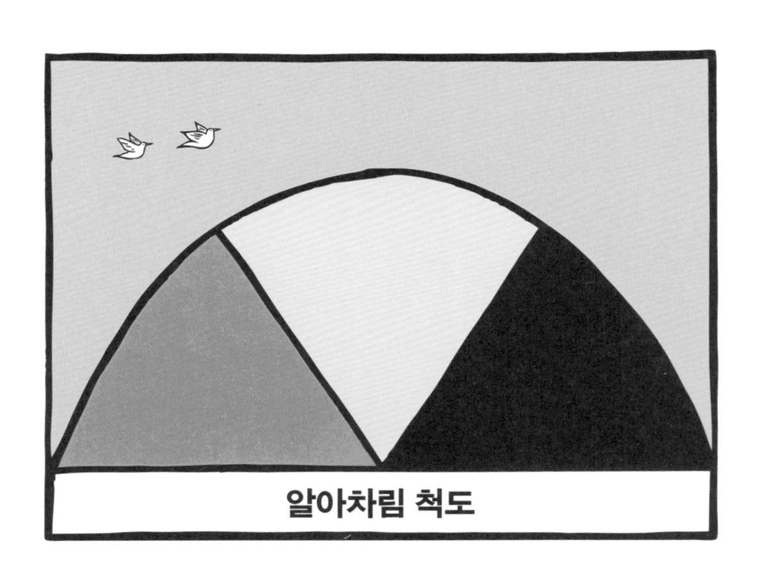




[교사용]

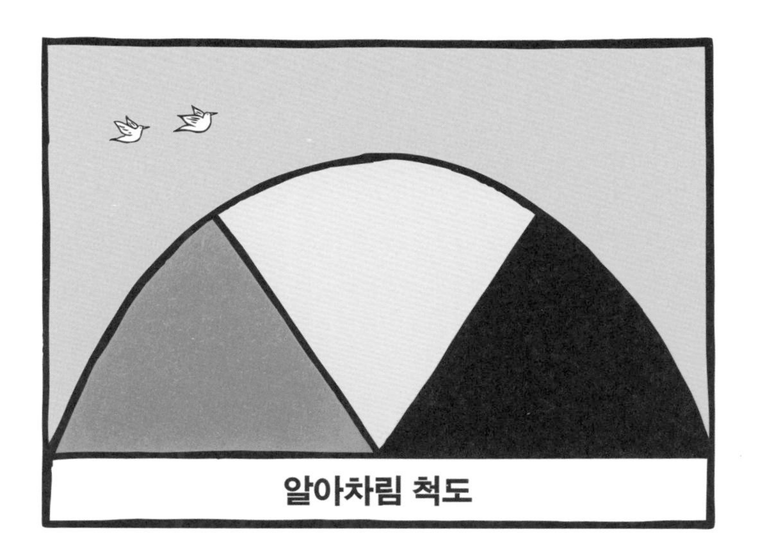


[아동용]